环境是人类雕刻出来的



# 环境需要你雕刻

HUANJING XUYAO NI DIAOKE

杨　莉◎编

吉林出版集团 | 吉林摄影出版社

·长春·

图书在版编目(CIP)数据

环境需要你雕刻 / 杨莉编. —长春 : 吉林摄影出版社, 2013.6
(环境是人类雕刻出来的)
ISBN 978-7-5498-1669-9

Ⅰ.①环… Ⅱ.①杨… Ⅲ.①环境保护-青年读物②环境保护-少年读物
Ⅳ.①X-49

中国版本图书馆 CIP 数据核字(2013)第 099182 号

环境需要你雕刻 HUANJING XUYAO NI DIAOKE

编　　者　杨　莉
出 版 人　孙洪军
责任编辑　施　岚
封面设计　马筱琨
开　　本　710mm×1000mm　1/16
字　　数　180 千字
印　　张　12
印　　数　1～5000 册
版　　次　2013 年 7 月第 1 版
印　　次　2013 年 7 月第 1 次印刷

出　　版　吉林出版集团
　　　　　吉林摄影出版社
发　　行　吉林摄影出版社
地　　址　长春市泰来街 1825 号
　　　　　邮编:130062
电　　话　总编办:0431-86012616
　　　　　发行科:0431-86012828
印　　刷　永清县晔盛亚胶印有限公司

**ISBN** 978-7-5498-1669-9　　定价:29.80 元

# 前 言
## PREFACE

宇宙虽然浩渺无垠，无尽无穷，但到目前为止，能让我们人类栖身繁衍的星球只有地球。地球是我们人类目前唯一的家园。亿万年来，人类与地球息息相关。人类在地球上繁衍生息，从蛮荒走向文明，从远古走到今天。人类不仅创造了无数美好的事物，同时也改造了自己。地球因为有了人类的存在而更加灿烂、更加美丽。但是，人类在改造自然、改造自身的过程中，不可避免地伴随着对生态环境的破坏，特别是当人类改造自然的能力得到增强时，这种破坏生存环境的能力大大增强，种种预料到的与始料不及的环境问题接踵而来，全球变暖、臭氧层破坏、酸沉降、海洋污染、土壤沙化、植被破坏、物种灭绝、资源危机等等问题使人类大伤脑筋；人类的生存环境受到了前所未有的挑战。发展和环境保护这一问题真真切切地摆在了人类面前。如何处理这一问题成为人类最棘手的问题之一。

人类要想获得可持续发展，就要做好对环境的保护工作，这已经为世界上大多数国家所认同，成为共识。那么，剩下的问题就是如何做好环境保护工作。环境保护工作是个极其复杂的工作。它是自人类出现而产生的，又伴随人类社会的发展而发展，老的问题解决了，新的环境问题又摆在面前。虽然目前环境问题已经受到广泛重视，但新的环境问题依然层出不穷。发展与环境的矛盾在不断运动、不断变化着，永无止境。这就需要人类做好长期作战的准备，同时还要以发展的眼光看待环境保护问题。新世纪的环境保护工作任重而道远，有着可以预料和无法预料的困难。我们只能寄希望于科技的进一步发展和我们人类自身对环境问题的更加重视以及更多的努力和付出。真心希望未来的环境保护问题不再是困扰人类的一大难题。

# 目 录

CONTENTS

## 环境保护的策略有哪些

# 日益严重的环境问题

RIYI YANZHONG DE HUANJING WENTI

大气的污染、水资源的污染与短缺、固体废弃物的不断增加，以及生态系统被破坏导致的失衡，使人类面临的环境问题日益严峻。酸雨、温室效应、臭氧层黑洞、森林锐减、水土流失、土地沙漠化、物种灭绝……一次次的生态灾难令人触目惊心。面对大自然给人类的这些警醒，人类再也不能视若无睹，“置身事外”。危险已经悄然来临，唯一的办法是积极地去面对，采取行之有效的办法来解决这些由我们人类一手造成的环境问题。

## 大气污染及其危害

我们知道，地球被这一层很厚的大气层包围着。大气层的成分主要有氮气，占78.1%；氧气占20.9%；氢气占0.93%；还有少量的二氧化碳、稀有气体（氦气、氖气、氩气、氪气、氙气、氡气）和水蒸气。大气层的空气密度随高度而减小，越高空气越稀薄。大气层的厚度在1000千米以上，但没有明显的界限。整个大气层随高度不同表现出不同的特点，分为对流层、平流层、中间层、暖层和散逸层，再上面就是星际空间了。

对流层在大气层的最低层，紧靠地球表面，其厚度大约为10－20千米。对流层的大气受地球影响较大，云、雾、雨等现象都发生在这一层内，水蒸气也几乎都在这一层内存在。这一层的气温随高度的增加而降低，大约每升高1000米，温度下降5℃～6℃。动、植物的生存，人类的绝大部分活动，也在这一层内。因为这一层的空气对流很明显，故称对流层。对流层以上是平流层，大约距地球表面20－50千米。平流层的空气比较稳定，大气是平稳流动的，故称为平流层。在平流层内水蒸气和尘埃很少，并且在30千米以下是同温层，其温度在－55℃左右。平流层以上是中间层，距地球表面50－85千米，这里的空气已经很稀薄，突出的特征是气温随高度增加而迅速降低，空气的垂直对流强烈。中间层以上是暖层，大约距地球表面100～800千米。暖层最突出的特征是当太阳光照射时，太阳光中的紫外线被该层中的氧原子大量吸收，因此温度升高，故称暖层。散逸层在暖层之上，为带电粒子所组成。

除此之外，还有两个特殊的层：臭氧层和电离层。臭氧层距地面20－30千米，实际介于对流层和平流层之间。这一层主要是由于氧分子受太阳光的紫外线的光化作用造成的，使氧分子变成了臭氧。电离层很厚，大约距地球表面80千米以上。电离层是高空中的气体，被太阳光的紫外线照射，电离成带电荷的正离子和负离子及部分自由电子形成的。电离层对电磁波影响很大，我们可以利用电磁短波能被电离层反射回地面的特点，来实现电磁波的远距离通讯。

在地球引力作用下，大量气体聚集在地球周围，形成数千千米的大气层。气体密度随离地面高度的增加而变得愈来愈大。探空火箭在3000千米高空仍发现有稀薄大气。据推测，大气层的上界可能延伸到离地面6400千米左右。据科学家估算，大气质量约6000万亿吨，差不多占地球总质量的1/1000000，其中包括：氮78%、氧21%、氩0.93%、二氧化碳0.03%、氖0.0018%，此外还有水蒸气和尘埃等。

根据各层大气的不同特点（如温度、成分及电离程度等），从地面开始依次分为对流层、平流层、中间层、热层（电离层）和外大气层。

空气是人类和生物一刻也不能缺少的物质条件。清新的空气也是健康的保证。

大自然有很强的自净能力。自然灾害，如地震、海啸、火山爆发等，必然产生大气污染，但是在大自然自净能力的作用下，经过一段不很长的时间后，一般都能够逐渐消除大气污染现象，恢复到之前的洁净状态。

这里所说的大气污染，是指人类向大气排放的污染物或由它转化成的二次污染物的浓度达到了有害程度的现象。大气污染是由人类的生产和生活活动所造成的。在这种情况下，空气的质量不容乐观，且有恶化趋势，对人们的生活、工作和身体健康造成了极度不良的影响。大气污染物主要分为有害气体，如二氧化碳、氮氧化物、碳氢化物、光化学烟雾和卤族元素等，以及颗粒物，如粉尘和酸雾、气溶胶等。它们的主要来源是工厂排放、汽车尾气、农垦烧荒、森林失火、炊烟、尘土等。

大气污染危害严重，可能形成酸雨，破坏大气圈的臭氧层，产生“温室效应”。

酸雨是 pH 值小于 5.6 的雨雪或其他形式的大气降水，大气受到污染后可能会产生酸雨。最普遍的是酸性降雨，所以习惯上统称为“酸雨”。

酸雨过后

酸雨对环境的破坏严重，可使土壤、河流、湖泊酸化，对鱼类的繁殖和生长造成严重的影响。而且，土壤和各种水体的底泥所含金属被溶解到水中，从而毒害到鱼类。水体的酸化还经常会导致水生生物组成的结构产生各类变化，使各种耐酸的真菌和藻类增多，而其他水生生物减少，水中的有机物难以分解。酸雨可抑制土壤中的有机物进行分解，使氮流失，破坏土壤营养成分，造成土壤贫瘠。酸雨可以伤害到植物的芽叶，使其发育不良，生长缓慢，易造成农作物产量减少。酸雨腐蚀建筑材料、金属构件、油漆，古建筑、雕塑像……作为水源的湖泊和地下水被酸化后，对饮用者的健康会产生有害的影响。

近年来关于全球性气候反常的报道频繁，在观察到的影响气候变化的污染物中，二氧化碳和粉尘最值得重视。在地球的大气中，二氧化碳的含量大量增加，可以导致地球的气温逐渐升高。这种现象就是温室效应。在过去的100年里，地球平均气温升高0.3℃～0.6℃，海平面上升10～20厘米。据预测，大气中二氧化碳浓度每年大约上升0.4%，其他温室气体，如甲烷浓度每年大约上升1%，二氧化氮上升0.29%，与其相应的是，全球升温速率为0.003℃/$m^2$。如果温室气体浓度继续增加，到2025年，全球年均升温将达到1℃，而全球海平面将升高20厘米。

为什么大气中二氧化碳等温室气体含量增加会使气温升高呢？一般认为自太阳辐射中的紫外线被平流层的臭氧吸收；而大气中的温室气体，如水蒸气、二氧化碳等吸收了其中的红外光。达到地球表面的可见光中的1/3被地球表面反射到空间，2/3被地表吸收。当地球表面温度降低时，这些吸收的光能又能以长波的热辐射和红外辐射的形式辐射到空间中去。这种以红外辐射的长波能量又被二氧化碳和水蒸气所吸收。

温室效应可引起全球性气候变化，如高温、干旱、洪涝、疾病、暴风雨和热带风加剧，土壤水分散失，农田牧场、湿地、森林及其他生态系统变化等一系列严重后果。

臭氧层是指大气层的平流层中臭氧浓度相对较高的部分，其主要作用是吸收波长为200～300纳米的短波紫外线。这种波长的紫外线对地球上的生物具有极大的伤害性，造成人类、生物细胞的破坏或死亡，或者改变生命的遗传基因，能够严重影响人类和其他生物的生存。因此，臭氧层的存在是生命能够在地球上生存和发展的前提。臭氧层的存在，为地球生命树立一道天然的屏障，人类要努力避免臭氧层遭到破坏。

测量表明，在刚过的一段时期，地球的南极上空臭氧被大规模的消耗，尤其是在极地上空臭氧层的中心地带，有近95%的臭氧被破坏，以至于形成一个明显的空洞，直径可以达到数千千米。这就是臭氧层空洞。它的覆盖面积有时候可能比美国国土的面积还要大。

臭氧层——人类的保护伞

臭氧在大气中从地面到70千米的高空都有分布，其最大浓度在中纬度24千米的高空，向极地缓慢降低，最小浓度在极地17千米的高空。20世纪50年代末到70年代就发现臭氧浓度有减少的趋势。1985年英国南极考察队在南纬60°地区观测发现臭氧层空洞，引起世界各国极大关注。臭氧层的臭氧浓度减少，使得太阳对地球表面的紫外辐射量增加，对生态环境产生破坏作用，影响人类和其他生物有机体的正常生存。关于臭氧层空洞的形成，在世界上占主导地位的是人类活动化学假说：人类大量使用的氯氟烷烃化学物质（如制冷剂、发泡剂、清洗剂等）在大气对流层中不易分解，当其进入平流层后受到强烈紫外线照射，分解产生氯游离基，游离基同臭氧发生化学反应，使臭氧浓度减少，从而造成臭氧层的严重破坏。为此，于1987年在世界范围内签订了限量生产和使用氯氟烷烃等物质的蒙特利尔协定。另外还有太阳活动说等说法，认为南极臭氧层空洞是一种自然现象。关于臭氧层空洞的成因，尚有待进一步研究。

2008年形成的南极臭氧空洞的面积到9月第二个星期就已达2700万平方千米，而2007年的臭氧空洞面积只有2500万平方千米。在2000年时，南极上空的臭氧空洞面积达创纪录的2800万平方千米，相当于4个澳大利亚。科学家目前尚不清楚2008年的臭氧空洞面积是否会打破这个纪录。

科学家认为，2008年臭氧空洞面积较小的主要原因在于气候，而不是因为破坏臭氧层的化学气体排放减少。英国南极考察科学家阿兰·罗杰说，

2008年南极上空臭氧空洞缩小在历史纪录上应被看作是个别现象。因此，臭氧层空洞面积有可能进一步扩大。

对南极臭氧洞形成原因的解释有三种，即大气化学过程解释，太阳活动影响和大气动力学解释。①大气化学过程解释认为，臭氧层中可以产生某种大气化学反应，将3个氧原子含量的臭氧（$O_3$）分解为分子氧（$O_2$）和原子氧（O），从而破坏了臭氧层。②太阳活动影响解释认为，当太阳活动峰年（即太阳活动强烈的时期）前后，宇宙射线明显增强，促使双电子氮化物（如$NO_2$）与$O_3$发生化学反应，使得奇电子氮化物（如$NO_3$）增加，$O_3$转换为$O_2$。③大气动力学解释认为，初春，极夜结束，太阳辐射加热空气，产生上升运动，将对流层臭氧浓度低的空气输入平流层，使得平流层臭氧含量减小，容易出现臭氧洞。

现在居住在距南极洲较近的智利南端海伦娜岬角的居民，已尝到苦头。只要走出家门，就要在衣服遮不住的皮肤表面涂上防晒油，戴上太阳镜，否则半小时后，皮肤就晒成鲜艳的粉红色，并伴有痒痛；羊群则多患白内障，几乎全盲。据说那里的兔子眼睛全瞎，猎人可以轻易地拎起兔子耳朵带回家去，河里捕到的鲜鱼也都是盲鱼。推而广之，若臭氧层全部遭到破坏，太阳紫外线就会杀死所有陆地生命，人类也遭到“灭顶之灾”，地球将会成为无任何生命的不毛之地。可见，臭氧层空洞已威胁到人类的生存了。臭氧层破坏对植物产生难以确定的影响。近十几年来，人们对200多个品种的植物进行了增加紫外照射的实验，其中2/3的植物显示出敏感性。一般说来，紫外辐射增加使植物的叶片变小，因吸收紫外线的臭氧层而减少俘获阳光的有效面积，对光合作用产生影响。对大豆研究的初步结果表明，紫外辐射会使其更易受杂草和病虫害的损害。臭氧层厚度减少25%，可使大豆减产20%～25%。紫外辐射的增加对水生生态系统也有潜在的危险。紫外线的增强还会使城市内的烟雾加剧，使橡胶、塑料等有机材料加速老化，使油漆褪色等。

综上所述，酸雨、温室效应和臭氧层被破坏是威胁地球上人类和其他生物生存的三大污染性问题。人类必须尽快行动，解决这些问题。

知识点

## pH 值

pH 值即氢离子浓度指数，是指溶液中氢离子的总数和总物质的量的比。它的数值俗称“pH 值”。氢离子浓度指数（pH 值）一般在 0－14之间，当它为 7 时溶液呈中性，小于 7 时呈酸性，值越小，酸性越强；大于 7 时呈碱性，值越大，碱性越强。pH 是溶液中氢离子活度的一种标度，也是溶液酸碱程度的衡量标准。

通常用下列方法来测定溶液的 pH 值：

（1）使用 pH 指示剂。在待测溶液中加入 pH 指示剂，不同的指示剂会根据不同的 pH 值而显示特定的颜色，这样就可以确定 pH 的范围。

（2）使用 pH 试纸。用玻璃棒蘸一点待测溶液到试纸上，然后根据试纸的颜色变化对照标准比色卡可以得到溶液的 pH。pH 试纸不能够显示出油份的 pH，原因是 pH 试纸以氢铁制成并以氢铁来测定待测溶液的 pH 值，而油中不含氢铁。

（3）使用 pH 计。pH 计是一种测定溶液 pH 值的仪器，它通过 pH 选择电极（如玻璃电极）来测定出溶液的 pH。pH 计可以精确到小数点后两位。

除了这几种方法外，还有许多其他更为先进更为精确的 pH 值测算方法和手段。

## 气溶胶

气溶胶是液态或固态微粒在空气中的悬浮体系。它们能作为水滴和冰晶的凝结核、太阳辐射的吸收体和散射体，并参与各种化学循环，是大气的重要组成部分。雾、烟、霾、轻雾、微尘和烟雾等，都是天然的或人为的原因造成的大气气溶胶。气溶胶按其来源可分为一次气溶胶和二次气溶胶两种。一次气溶胶以微粒形式直接从发生源进入大气。二次气溶胶是在大气中由一次污染物转化而生成。它们可以来自被风扬起的细灰和微尘、海水溅沫蒸发而成的盐粒、火山爆发的散落物以及森林燃烧的烟尘等天然源，也可以来自化石和非化石燃料的燃烧、交通运输以及各种工业排放的烟尘等。

## 延伸阅读

### 粉尘的分类

粉尘是大气污染物之一。根据粉尘微粒的大小将粉尘分为三类：

（1）飘尘，也称为浮游粉尘、可吸入颗粒物，指大气中粒径小于10μm的固体微粒，它能较长期地在大气中飘浮。

（2）降尘，指大气中粒径大于10μm的固体微粒。在重力作用下，它可在较短的时间内沉降到地面。

（3）总悬浮微粒，也被称为总悬浮颗粒物，指大气中粒径小于100μm的所有固体微粒。

## 水资源短缺及其污染

地球上的水资源包含了海洋水、冰川水、地下水、湖泊水、河流水等许多水体。海洋水约占全球总水量的96.5%。在余下的水量中地表水占1.78%，地下水占1.69%。人类主要利用的淡水在全球总储水量中只占2.53%。人类各种用水基本上都是淡水。因此，只有合理地利用水资源，防止水污染，人类才能生存下去，发展也才可能得到实现。

近年来，水资源的短缺和污染越来越严重，这已为事实所证明。水的短缺不仅制约着经济的发展，影响着人类获得充足的食物，还直接损害着人们的身体健康。为了解决水资源紧张的局面，在一些地区还常会引发国际冲突，如水资源匮乏就是中东、非洲等地区国家关系紧张的重要根源。

阿拉伯世界正面临着自产粮食不足，食品价格上涨的复杂局面，扩大粮食生产是唯一的出路，而解决水资源的难题是当务之急。面对日益严重的水资源危机，阿拉伯国家纷纷采取措施保护水资源的安全，不断完善水的利用与开发，采取先进的科技手段进行海水淡化和普及污水净化设施，成效显著。但是人口激增、环境污染和工业化进程加快等因素同时又进一步加剧了阿拉伯国家的水资源危机。目前，阿拉伯国家已充分意识到了水资源安全的重要性，并将其作为农业生产、粮食安全乃至国家发展的重要保障。

非洲是地球上另一个严重缺水的地区。目前世界上最缺水的 26 个国家中，有 11 个都位于非洲。近半个世纪以来，非洲的粮食增长率始终赶不上人口增长率，其主要原因之一是水资源不足导致粮食生产不足。在 2000 年，非洲北部的 5 个地中海国家，即阿尔及利亚、埃及、利比亚、摩洛哥和突尼斯，也和撒哈拉沙漠以南的国家一样，面临缺水问题。

因此，在全球范围内的水资源分布不均以及水资源缺乏的问题如果得不到解决，世界上许多地区和平都将会受到影响。仅 1997 年这一年，非洲、中东、拉美等地就有 70 多起事件是由水资源短缺导致的。有人预测 2025 年世界上将有 30 亿人缺水喝，真到了那个时候，水比油贵将成为现实。同时，因为工业社会的发展，全球环境污染的问题越来越严重，对水资源的污染也将进一步加重。

水是自然界的重要组成物质，是环境中最活跃的要素。它不停地运动且积极参与自然环境中一系列物理的、化学的和生物的过程。从全球范围讲，水是连接所有生态系统的纽带，自然生态系统既能控制水的流动又能不断促使水的净化和循环。因此水在自然环境中，对于生物和人类的生存来说具有决定性的意义。

水的污染物是指使水质恶化的污染物质。水的污染物主要有：（1）未经处理而排放的工业废水；（2）未经处理而排放的生活污水；（3）大量使用化肥、农药、除草剂而造成的农田污水；（4）堆放在河边的工业废弃物和生活垃圾；（5）森林砍伐，水土流失；（6）因过度开采，产生的矿山污水。

当水中含有有害物质时，对人体造成的危害极大，可通过饮水和食物链造成人体中毒。据调查，长期饮用受污染水的人，其肝癌和胃癌等癌症的发病率要比饮用清洁水的高出60%左右。当污水中含有的汞、镉等重金属元素排入河流和湖泊时，通过水生植物、鱼类、人类这个食物链，在人体内富集，最终使人患病而死亡。

工业废水排放

2000年1月，罗马尼亚境内一处金矿污水沉淀池，因积水暴涨，10多万升含有大量氰化物、铜和铅等重金属的污水冲入多瑙河支流蒂萨河，并顺流南下，迅速汇入多瑙河向下游扩散，造成河鱼大量死亡，致河水不能饮用。匈牙利、南斯拉夫等国深受其害，国民经济和人民生活都遭受一定的影响，严重破坏了多瑙河流域的生态环境。

另外，水污染还包括油类污染和热污染。

油类污染物包括矿物油和动植物油。它们均难溶于水，在水中常以粗分散的可浮油和细分散的乳化油等形式存在。

油污染是水体污染的重要类型之一，特别是在河口、近海水域更为突出。主要是工业排放、海上采油、石油运输船只的清洗船舱及油船意外事故的流出等造成的。漂浮在水面上的油形成一层薄膜，影响大气中氧的溶入，从而影响鱼类的生存和水体的自净作用，也干扰某些水处理设施的正常运行。油脂类污染物还能附着于土壤颗粒表面和动植物体表，影响养分的吸收和废物的排出。

热污染是指废水温度过高而引起的危害。热污染的主要危害有以下几点：

（1）由于水温升高，使水体溶解氧浓度降低，大气中的氧向水体传递的速率也减慢；另外，水温升高会导致生物耗氧速度加快，促使水体中的溶解氧更快被耗尽，水质迅速恶化，造成异色和水生生物因缺氧而死亡。

（2）水温升高会加快藻类繁殖，从而加快水体富营养化进程。

（3）水温升高可导致水体中的化学反应加快，使水体的物理化学性质如离子浓度、电导率、腐蚀性发生变化，从而引起管道和容器的腐蚀。

（4）水温升高会加速细菌生长繁殖，增加后续水处理的费用。

据世界卫生组织统计，世界疾病中80%以上与水有关。据统计，世界上有2.5亿名B型肝炎病毒携带者。我国是病毒性肝炎的高发区，各类型肝炎都有发生或流行。

多年来，我国水资源质量不断下降，水环境持续恶化，由于污染所导致的缺水和事故不断发生，不仅使工厂停产、农业减产甚至绝收，而且造成了不良的社会影响和较大的经济损失，严重地威胁了社会的可持续发展，威胁了人类的生存。我国七大水系以污染程度大小进行排序，其结果为：辽河、海河、淮河、黄河、松花江、长江，其中，辽河、海河、淮河污染最严重。综合考虑我国地表水资源质量现状，符合《地面水环境质量标准》的Ⅰ、Ⅱ类标准只占32.2%（河段统计），符合Ⅲ类标准的占28.9%，属于Ⅳ、Ⅴ类标准的占38.9%。如果将Ⅲ类标准也作为污染统计，则我国河流长度有67.8%被污染，约占监测河流长度的2/3，可见我国地表水资源污染非常严重。

我国地表水资源污染严重，地下水资源污染也不容乐观。

我国北方五省区和海河流域地下水资源，无论是农村（包括牧区）还是城市，浅层水或深层水均遭到不同程度的污染，局部地区（主要是城市周围、排污河两侧及污水灌区）和部分城市的地下水污染比较严重，污染呈上升趋势。

具体而言，根据北方五省区（新疆、甘肃、青海、宁夏、内蒙古）1995年地下水监测井点的水质资料，按照《地下水质量标准》（GB/T14848－93）进行评价，结果表明，在69个城市中，Ⅰ类水质的城市不存在；Ⅱ类水质的城市只有10个，只占14.5%；Ⅲ类水质的城市有22个，占31.9%；Ⅳ、Ⅵ类水质的城市有37个，占评价城市总数的53.6%，即1/2以上城市的城市地下水污染严重。至于海河流域，地下水污染更是令人触目惊心！2015 眼地下水监测井点的水质监测资料表明，符合Ⅰ～Ⅲ类水质标准仅有 443 眼，占评价总数的 22.0%，符合Ⅳ和Ⅵ类水质标准有 880 和 629 眼，分别占评价总井数的 43.7% 和 34.3%，即有 78% 的地下水遭到污染；如果用饮用水卫生标准进行评价，在评价的总井数中，仅有 328 眼井水质符合生活标准，只占评价总数的 31.2%，另外 2/3 以上监测到的井点的水质不符合生活饮用卫生标准。

面对严峻的缺水、水污染问题，我们应积极行动起来，珍惜每一滴水，采取节水技术、防治水污染、植树造林等多种措施，合理利用和保护水资源。

## 知识点

### 冰帽

冰帽又称冰冠、冰穹，是一种规模比大陆冰盖小，外形与其相似，而穹形更为突出的覆盖型冰川。在压力不均匀的情况下，冰体内的冰从中心向四周呈放射状漫流而导致冰帽的形成。冰帽是大陆冰盖和山岳冰川的过渡类型，多分布在一些高原和岛屿上，所以又有高原冰帽和岛屿冰帽之分。

### 生物富集

生物富集又称生物浓缩，是生物有机体或处于同一营养级上的许多生物种群，从周围环境中蓄积某种元素或难分解化合物，使生物有机体内该物质的浓度超过环境中的浓度的现象。

## 延伸阅读

### 水污染的三大污染源

水污染的三大污染源为工业污染源、农业污染源和生活污染源。

水污染的工业污染源主要是指工业废水，它具有量大、面积广、成分复杂、毒性大、不易净化、难处理等特点。

水的农业污染源包括牲畜粪便、农药、化肥等。这类污染源的特点一是有机质、植物营养物及病原微生物含量高，二是农药、化肥含量高。我国是世界上水土流失最严重的国家之一，每年表土的大量流失致使大量农药、化肥以及氮、磷、钾营养元素随表土流入江、河、湖、库，使水体受到不同程度的危害，造成藻类以及其他生物异常繁殖，引起水体透明度和溶解氧的变化，从而使水质恶化。

水的生活污染源主要是城市生活中使用的各种洗涤剂和污水、垃圾、粪便等，生活污水中含氮、磷、硫多，致病细菌多。这些生活污水排放到水域中，加重了水体的污染程度。

## 固体废物的污染

固体废物是指人类在生产和生活活动中丢弃的固体和泥状的物质，简称固废。包括从废水、废气分离出来的固体颗粒。凡人类一切活动过程产生的，且对所有者已不再具有使用价值而被废弃的固态或半固态物质，通称为固体废物。

固体废物按来源大致可分为生活垃圾、一般工业固体废物和危险废物三种。此外，还有农业固体废物、建筑废料及弃土。生活垃圾是指在人们日常生活中产生的废物，包括食物残渣、纸屑、灰土、包装物、废品等。一般工业固体废物包括粉煤灰、冶炼废渣、炉渣、尾矿、污泥、煤矸石及工业粉尘。危险废物是指易燃、易爆、腐蚀性、传染性、放射性等有毒有害废物，除固态废物外，半固态、液态危险废物在环境管理中通常也被划入危险废物一类。

堆积如山的固体废物

固体废物的露天堆放和填埋处置，一般会占用大量的土地，并且产生的固体废物越多，占用的土地也就越多，这样就造成可耕地面积进一步减少。

固体废物污染中最突出的就是白色垃圾问题。白色污染是我国城市特有的环境污染。在各种公共场所到处都能看见大量废弃的塑料制品。它们从自然界而来，由人类制造，最终归结于大自然时却不易被自然所消纳，从而影响了大自然的生态环境。

白色污染主要有下列危害：

（1）侵占土地过多。塑料类垃圾在自然界停留的时间很长，一般可达100~200年。

（2）污染空气。塑料、纸屑和粉尘随风飞扬。

（3）污染水体。河、海水面上漂着的塑料瓶和饭盒，水面上方树枝上挂着的塑料袋、包装纸等，不仅造成环境污染，而且如果动物误食了白色垃圾会伤及健康，甚至会因其绞在消化道中无法消化而活活饿死。

（4）火灾隐患。白色垃圾几乎都是可燃物，在天然堆放过程中会产生甲烷等可燃气，遇明火或自燃易引起的火灾事故不断发生，时常造成重大损失。

（5）白色垃圾可能成为有害生物的巢穴，它们能为老鼠及蚊蝇提供食物、栖息和繁殖的场所，而其中的残留物也常常是传染疾病的根源。

（6）废旧塑料包装物进入环境后，由于其很难降解，造成长期的、深层次的生态环境问题。废旧塑料包装物混在土壤中，影响农作物吸收养分和水分，将导致农作物减产。

塑料制品作为一种新型材料，具有质轻、防水、耐用、生产技术成熟、成本低的优点，在全世界被广泛应用且呈逐年增长趋势。塑料包装材料在世界市场中的增长率高于其他包装材料，1990～1995 年塑料包装材料的年平均增长率为 8.9%。

我国是世界上十大塑料制品生产和消费国之一。1995 年，我国塑料产量为 519 万吨，进口塑料近 600 万吨，当年全国塑料消费总量约 1100 万吨，其中包装用塑料达 211 万吨。包装用塑料的大部分以废旧薄膜、塑料袋和泡沫塑料餐具的形式，被丢弃在环境中。这些废旧塑料包装物散落在市区、风景旅游区、水体、道路两侧，不仅影响景观，造成“视觉污染”，而且因其难以降解对生态环境造成潜在危害。

知识点

### 环境介质

环境介质是指自然环境中各个独立组成部分中所具有的物质。如大气、水体、土壤和岩石、生物体中所具有各自特性的气体、水、固体颗粒、肌肉和体液等不同介质，环境介质之间常发生相互作用或关联。环境中不同介质间物理、化学和生物的作用是物质迁移分布、形态变化、污染效应、最终归宿的重要环节。

### 有机污染物

有机污染物是指以碳水化合物、蛋白质、氨基酸以及脂肪等形式存在的天然有机物质及某些其他可生物降解的人工合成有机物质为组成的污染物。有机污染物可分为天然有机污染物和人工合成有机污染物两大类。

## 延伸阅读

### 塑料对海洋的危害

倾入海洋里的塑料对海洋环境危害很大。首先它会对海洋生物会造成很大的伤害。海洋哺乳动物、鱼、海鸟以及海龟都会受到撒入海里的塑料缠绕的危险，这已经为事实所证明。塑料袋与包装袋也能缠住海洋哺乳动物和鱼类，当动物长大后会缠得更紧，限制它们的活动、呼吸与捕食。饮料桶上的塑料圈对鸟类、小鱼会造成同样的危害。海龟、哺乳动物和鸟类也会因吞食塑料盒、塑料膜、包装袋等而窒息死亡。如果潜水员被其缠住，则会有生命危险。抛弃的鱼网也会危害船只，如果被缠绕进推进器，极容易造成海难事故。另外，塑料也是一种激素类物质，被摄入体内会破坏生物的繁殖能力。

## 生态环境及其失衡

生态环境的破坏改变了生态原有的平衡。随着植被的破坏、水土的流失、生物多样性的锐减，空气质量越来越差，气候变化越来越难以预测，人类的生存环境也越来越差。

植被破坏是生态破坏的最典型特征之一。植被是全球或某一地区内所有植物群落的泛称。植被是整个生态系统的基础。它为动植物和微生物提供了生存的环境，为人类提供了食物和其他物质材料。植被还是气候和无机环境条件件的调节者、无机和有机营养的调节和储存者、空气和水源的净化者。因此，植被对于人类的生存起着极其重要的作用。

植被的破坏不仅极大地影响了该地区的自然景观，而且还产生了诸如生态系统恶化、环境质量下降，水土流失、土地沙化以及自然灾害加剧等不良后果，并造成水土流失加重，形成了生态环境的恶性循环。

森林是地球上最大的陆地生态系统，是全球生物圈中重要的一环。它是地球上的基因库、碳贮库、蓄水库和能源库，对维系整个地球的生态平衡起着至关重要的作用，是人类赖以生存和发展的资源和环境。森林与所在空间的非生物环境有机地结合在一起，构成完整的生态系统。

曾经的郁郁葱葱的森林

森林调节自然界中空气和水的循环，影响气候的变化，保护土壤不受风雨的侵犯，减轻环境污染给人们带来的危害。因此，森林对人类来说有着极其重要的意义。

森林能够制造足够的氧气，每一棵树都是一个氧气发生器和二氧化碳吸收器。它能够吸收人类呼吸作用产生的二氧化碳，并释放出氧气，以供人类呼吸。

森林能涵养水源，在水的自然循环中发挥重要的作用。降水后，一部分被树冠截留，大部分落到树下的枯枝败叶和疏松多孔的林地土壤里被蓄留起来，有的被林中植物根系吸收，有的通过蒸发返回大气。森林蒸发水分，可以使林区空气湿润，降水增加，冬暖夏凉，这样它又起到了调节气候的作用。

森林能防风固沙，制止水土流失。树木可以降低风速，树根又长又密，可以抓住土壤，不让大风吹走。大雨降落到森林里，渗入土壤深层和岩石缝隙，以地下水的形式缓缓流出，冲不走土壤。据非洲肯尼亚的记录，当年降雨量为500毫米时，农垦地的泥沙流失量是林区的100倍，放牧地的泥沙流失量是林区的3000倍。所以，森林是制止沙漠化和水土流失的法宝。

近年来，由于大量消耗木材及林产品，导致全球森林面积明显减少，全球每年消失的森林近千万公顷，这不仅仅是某一个国家的内部问题，它已成为一个国际问题。随着森林的砍伐和草原的退化，土地沙漠化和土壤侵蚀将日趋严重。

黄土高原的水土流失

我国是世界上水土流失最严重的国家之一。近几十年来，虽开展了大量的水土保持工作，但总体来看，水土流失“点”上有治理，“面”上在扩大，水土流失情况没有得到很好的控制，全国总耕地有1/3受到水土流失的危害。

水土流失以黄土高原地区最为严重，该区总面积约$54\times10^4$平方千米，水土流失面积已达$45\times10^4$平方千米，其中严重流失面积约$28\times10^4$平方千米，每年通过黄河三门峡向下游输送的泥沙量达$16\times10^8$吨。南方亚热带和热带山地丘陵地区水土流失仅次于黄土高原。此外，华北、东北等地的水土流失情况也相当严重。例如，京、津、冀、鲁、豫五省份水土流失面积约占该地区土地面积的50%。

植被破坏严重和水土流失加剧，使长江流域的各种水库淤积，损失不少库容。同时因为长江干流河道的淤积，造成了一些地上“悬河”汛期洪水水位可以高出两岸数米到数十米。并且，由于河道有大量泥沙淤积和沿岸群众围湖造田的行为，使30年间长江中下游的湖泊面积减少了45.5%，直接导致其蓄水能力严重减弱。

水土流失还造成不少地区土地严重退化，氮、磷、钾等养分损失严重；同时，在水土流失严重地区，形成了很多石质荒漠化土地，造成不少水库、湖泊和河流河道淤积。水土流失破坏了土地资源，对农业生产和农业经济的发展也造成了极大的影响。

土地荒漠化

沙漠是干旱气候的产物。早在人类出现以前地球上就有沙漠。但是，荒凉的沙漠和丰腴的草原之间并没有什么不可逾越的界线。有了水，沙漠上可以长起茂盛的植物，成为生机盎然的绿洲；而绿地如果没有了水和植物，也可以很快退化为一片沙砾。而人们为了获得更多的食物，不管气候、土地条件如何，随便开荒种地、过度放牧；为了解决燃料问题，不管后果如何，肆意砍树割草。干旱和半干旱地区本来就缺水多风，现在土地被蹂躏、植被遭破坏，降水量更少了，风却更大更多了，大风强劲地侵蚀表土，沙子越来越多，慢慢地沙丘发育。这就使可耕牧的土地，变成不宜放牧和耕种的沙漠化土地。

土地荒漠化简单地说就是指土地退化，也叫“沙漠化”。1992年联合国环境与发展大会对荒漠化的概念作了这样的定义：“荒漠化是由于气候变化和人类不合理的经济活动等因素，使干旱、半干旱和具有干旱灾害的半湿润地区的土地发生了退化。”1996年6月17日第二个世界防治荒漠化和干旱日，联合国防治荒漠化公约秘书处发表公报指出：当前世界荒漠化现象仍在加剧。全球现有12亿多人受到荒漠化的直接威胁，其中有1.35亿人在短期内有失去土地的危险。荒漠化已经不再是一个单纯的生态环境问题，而且演变为经济问题和社会问题，它给人类带来贫困和社会不稳定。到1996年为止，全球荒漠化的土地已达到3600万平方千米，占到整个地球陆地面积的1/4，相当于俄罗斯、加拿大、中国和美国国土面积的总和。全世界受荒漠化影响的国家有100多个。尽管各国人民都在进行着同荒漠化的抗争，但荒漠化却以每年5万~7万平方千米的速度扩大，相当于爱尔兰的面积。到20世纪末，全球已损失约1/3的耕地。在人类当今诸多的环境问题中，荒漠化是最为严重的灾难之一。对于受荒漠化威胁的人们来说，荒漠化意味着他们将失去最基本的生存基础——有生产能力的土地的消失。

据联合国环境署1992年的现状调查推断，全球2/3的国家和地区、世界陆地面积的1/3受到荒漠化的危害，约1/5的世界人口受到直接影响，每年约有（5000~7000）$\times 10^4$平方千米的耕地被沙化，其中有2100$\times 10^4$平方千米完全丧失生产能力，经济损失高达423亿美元。由于荒漠化的影响，全球每年大约丧失（4.5~5.8）$\times 10^4$平方千米的放牧地、（3.5~4.0）$\times 10^4$平方千米的雨养农地以及（1.0~1.3）$\times 10^4$平方千米的灌溉土地。

联合国曾对荒漠化地区45个点进行了调查，调查报告证实，绝大部分荒漠化是由人为因素引起的，只有小部分是由自然变化引起的。中国科学院在我国北方地区当今的荒漠化土地形成原因的调查结果也证实，引起荒漠化的成因中，绝大部分为人为因素所致。荒漠化的原因主要是由于人口的激增及自然资源利用不当而带来的过度放牧、滥垦乱樵、不合理的耕作及粗放管理、水资源的不合理利用等。上面这些人类活动破坏了整个环境的生态系统平衡，从而导致了土地荒漠化。

土地沙漠化还有一个可怕的恶果，那就是导致沙尘暴天气。

沙尘暴天气主要发生在春末夏初季节，这是由于冬春季干旱区降水甚少，地表异常干燥松散，抗风蚀能力很弱，在有大风刮过时，就会将大量沙尘卷入空中，形成沙尘暴天气。

从全球范围来看，沙尘暴天气多发生在内陆沙漠地区，源地主要有非洲的撒哈拉沙漠，北美中西部和澳大利亚也是沙尘暴天气的源地之一。1933～1937年由于严重干旱，在北美中西部就产生过著名的碗状沙尘暴。亚洲沙尘暴活动中心主要在约旦沙漠、巴格达与海湾北部沿岸之间的美索不达米亚、阿巴斯附近的伊朗南部海滨，稗路支到阿富汗北部的平原地带。中亚地区哈萨克斯坦、乌兹别克斯坦及土库曼斯坦都是沙尘暴频繁（≥15/年）影响区，但其中心在里海与咸海之间沙质平原及阿姆河一带。

我国西北地区由于独特的地理环境，也是沙尘暴频繁发生的地区，主要源地有古尔班通古特沙漠、塔克拉玛干沙漠、巴丹吉林沙漠、腾格里沙漠、乌兰布和沙漠、毛乌素沙漠等。

沙尘暴天气是我国西北地区和华北北部地区出现的强灾害性天气，可造成房屋倒塌、交通供电受阻或中断、火灾、人畜伤亡等，污染自然环境；破坏作物生长，给国民经济建设和人民生命财产安全造成严重的损失和极大的危害。沙尘暴危害主要在以下几方面：

（1）生态环境恶化

出现沙尘暴天气时狂风裹着沙石、浮尘到处弥漫，凡是经过地区空气浑浊，呛鼻迷眼，呼吸道等疾病人数增加。如1993年5月5日发生在金昌市的强沙尘暴天气，监测到的室外空气含尘量为1016毫克/立方厘米，室内为80毫克/立方厘米，超过国家规定的生活区内空气含尘量标准的40倍。

（2）生产生活受影响

沙尘暴天气携带的大量沙尘蔽日遮光，天气阴沉，造成太阳辐射减少，几小时到十几个小时恶劣的能见度，容易使人心情沉闷，工作学习效率降低。轻者可使大量牲畜患染呼吸道及肠胃疾病，严重时将导致大量牲畜死亡及刮走农田沃土、种子和幼苗。沙尘暴还会使地表层土壤风蚀、沙漠化加剧。覆盖在植物叶面上厚厚的沙尘，影响正常的光合作用，造成作物减产。

（3）生命财产损失

1993年5月5日，发生在甘肃省金昌、威武、民勤、白银等地市的强沙尘暴天气，受灾农田253.55万亩，损失树木4.28万株，造成直接经济损失达2.36亿元，死亡50人，重伤153人。2000年4月12日，永昌、金昌、威武、民勤等地市出现强沙尘暴天气，据不完全统计，仅金昌、威武两地市直接经济损失达1534万元。

（4）交通安全（飞机、汽车等交通事故）

沙尘暴天气经常影响交通安全，造成飞机不能正常起飞或降落，使汽车、火车车厢玻璃破损、停运或脱轨。

由上可知，土地荒漠化对人类的危害是很大的，在某种意义上可以说，荒漠化给人类造成的损失并不少于火山、地震、海啸等其他自然灾害。另外，由于人类过度地猎杀、捕获以及对栖息地的破坏，导致了许多物种的灭绝和资源丧失，从而导致了生物多样性的锐减。

在近几个世纪，由于各种工业技术的应用和工业化的发展，人类对自然环境的影响进一步加强，人为物种灭绝的速率加快和受灭绝威胁的物种数量增加。据统计，在近几个世纪中，受人类活动的影响而灭绝的物种中，1/3是19世纪前消失的，1/3是19世纪灭绝的，另1/3是近50年来灭绝的。

加利福尼亚神鹰

对在美国南部加利福尼亚州发现的化石研究表明，北美成为殖民地之后短短的时间内，便发生了包含57种大型哺乳动物和几种大型鸟类的灭绝，其中包括10种野马、4种骆驼家族里的骆驼、2种野牛、1种原生奶牛、4种象，以及羚羊、大型的地面树懒、美洲虎、美洲狮和体重可达25千克重的以腐肉为食的猛禽等。如今，这些大型动物尚存的唯一代表是严重濒危的加利福尼亚神鹰。

渡渡鸟的灭绝也是一个很有名的例子。16世纪后期，欧洲人来到了毛里求斯，渡渡鸟成了他们主要的食物来源。从这以后，大量的渡渡鸟被捕杀，就连幼鸟和蛋也不能幸免。开始时，欧洲人每天可以捕杀到几千只到上万只渡渡鸟，可是由于过度的捕杀，很快他们每天捕杀的数量越来越少，有时每天只能打到几只了。17世纪，荷兰定居者开始开拓殖民地，而渡渡鸟正是在这一时期走向灭绝的。人类的疯狂猎杀和破坏其生存环境（森林）是导致其灭绝的主要原因，过往的船只同时带来了大量老鼠，它们疯狂地偷食地面巢穴中的鸟蛋，也在一定程度上加剧了渡渡鸟的灭绝。1681年，最后一只渡渡鸟被残忍地杀害。从此，地球上再也见不到渡渡鸟了，除非是在博物馆的标本室和画家的图画中。关于渡渡鸟灭绝的准确时间，大部分学者认为是在1681年，但也存在许多其他争论。

已经灭绝的渡渡鸟

中国国家重点保护野生动物名录中受保护的濒危野生动物已经有400多种，濒危植物则高达1000多种，而事实上有很多生物物种在未被人类认识之前就已经灭绝了。

## 知识点

### 生态平衡

生态平衡是指在一定时间内生态系统中的生物和环境之间、生物各个种群之间，通过能量流动、物质循环和信息传递，使它们相互之间达到高度适应、协调和统一的状态。也就是说当生态系统处于平衡状态时，系统内各组成成分之间保持一定的比例关系，能量、物质的输入与输出在较长时间内趋于相等，结构和功能处于相对稳定状态，在受到外来干扰时，能通过自我调节恢复到初始的稳定状态。在生态系统内部，生产者、消费者、分解者和非生物环境之间，在一定时间内保持能量与物质输入、输出动态的相对稳定状态。

生态平衡是生物维持正常生长发育、生殖繁衍的根本条件，也是人类生存的基本条件。如果生态平衡遭到破坏，将会使各类生物的生存环境受到挑战，人类的生存也将会受到极大的挑战。

### 植物群落

植物群落是指在环境相对均一的地段内，有规律地共同生活在一起的各种植物种类的组合。一片森林、一个生有水草或藻类的水塘都构成一个群落。每一相对稳定的植物群落都有一定的种类组成和结构。一般在环境条件优越的地方，群落的层次结构较复杂，种类也丰富，如热带雨林；而在严酷、恶劣的环境条件下，只有少数植物能适应，群落结构也简单。

植物群落是自然界植物存在的实体，也是植物种或种群在自然界存在的一种形式和发展的必然结果。任何具有相似环境的地段上都会出现相似的植物群落。在整个地球表面上的能量的流动和物质循环中，植物群落是一个非常重要的环节，起着特殊的作用。

## 延伸阅读

### 生物多样性的意义

生物多样性锐减是生态环境失衡的一个标志和体现。生物多样性是指一定范围内多种多样的有机体（动物、植物、微生物）有规律地结合所构成的稳定的生态综合体以及与此相关的各种生态过程的总和。这种多样性包括动物、植物、微生物的物种多样性；物种的遗传与变异的多样性及生态系统的多样性。

生物多样性是人类社会赖以生存和发展的基础，人类的衣、食、住、行及物质文化生活的许多方面都与生物多样性的稳定性密切相关。

（1）首先，生物多样性为我们提供了食物、纤维、木材、药材和多种工业原料。只有保持生物多样性的稳定性，我们的食物品种才会得到源源不断的供应。

(2) 生物多样性在保持土壤肥力、保证水质以及调节气候等方面有着巨大的作用。

(3) 生物多样性在调节大气层成分、地球表面温度等方面发挥着重要作用。科学家估计，假如断绝了植物的光合作用，那么大气层中的氧气，将会由于氧化反应在数千年内消耗殆尽，人类的末日也就到了。

(4) 生物多样性的维持，有益于一些珍稀濒危物种的保存。今天仍生存在我们地球上的物种，尤其是那些处于灭绝边缘的濒危物种，一旦消失了，那么人类将永远丧失这些宝贵的生物资源。

显而易见，生物多样性对人类的意义有多么巨大！它的锐减是人类破坏生态环境的恶果，是对人类的一种提醒。

## 全球变暖了

全球变暖指的是在一段时间中，地球的大气和海洋因温室效应而造成温度上升的气候变化现象，为公地悲剧之一，而其所造成的效应称之为全球变暖效应。

近一百多年来，全球平均气温经历了冷—暖—冷—暖两次波动，总的看为上升趋势。进入20世纪80年代后，全球气温明显上升。1981～1990年全球平均气温比100年前上升了0.48℃。导致全球变暖的主要原因是人类在近一个世纪以来大量使用矿物燃料（如煤、石油等），排放出大量的二氧化碳等多种温室气体。由于这些温室气体对来自太阳辐射的可见光具有高度的穿透性，而对地球反射出来的长波辐射（如红外线）具有高度的吸收性，也就是常说的“温室效应”，导致全球气候变暖。

### 全球变暖的具体原因

毫无疑问我们这个星球正在升温，在20世纪全世界的平均温度大约攀升了0.6℃。北半球春天的冰雪解冻期比150年前提前了9天，而秋天的霜冻开始时间却晚了10天左右。20世纪90年代是自19世纪中期开始温度记录工作以来最温暖的10年，在记录上最热的几年依次是：1998年，2002年，2003年，2001年和1997年。

出现全球变暖趋势的具体原因是，人们焚烧化石矿物以生成能量或砍伐森林并将其焚烧时产生的二氧化碳进入了地球的大气层。全球政府间气候变化问题小组根据气候模型预测，到2100年为止，全球气温估计将上升1.4℃～5.8℃（2.5℉～10.4℉）。根据这一预测，全球气温将出现过去10 000年中从未有过的巨大变化，从而给全球环境带来潜在的重大影响。

为了阻止全球变暖趋势，1992年联合国专门制定了《联合国气候变化框架公约》，该公约于同年在巴西城市里约热内卢签署生效。依据该公约，发达国家同意在2000年之前将他们释放到大气层的二氧化碳及其他“温室气体”的排放量降至1990年时的水平。另外，这些每年的二氧化碳合计排放量占到全球二氧化碳总排放量60%的国家还同意将相关技术和信息转让给发展中国家。发达国家转让给发展中国家的这些技术和信息有助于后者积极应对气候变化带来的各种挑战。截至2004年5月，已有189个国家正式批准了上述公约。

## 全球平均温度的变化

目前全球平均温度的变化，二氧化碳浓度的变化与气温上升实际上并不是有直接的关系，从工业革命开始，二氧化碳的含量急剧增加，虽然植物的光合作用吸收了很大一部分二氧化碳，海洋也溶解一部分二氧化碳并固定成碳酸钙，但空气中二氧化碳的含量还是逐步增加。根据美国弗吉尼亚大学和英国东安格里亚大学联合研究的结果，在进入20世纪后半叶，全球温度上升的趋势非常明显。

## 全球温度增量带来的变化

全球性的温度增量带来包括海平面上升和降雨量及降雪量在数额上和样式上的变化。这些变动也许促使极端天气事件更强更频繁，譬如洪水、旱灾、热浪、飓风和龙卷风。除此之外，还有其他后果，包括更高或更低的农产量、冰河撤退、夏天时河流流量减少、物种消失及疾病肆虐。预计全球变暖所因致事件的数量和强度；但是很难把这些特殊事件连接到全球变暖。因为二氧化碳在大气中有50~200年的寿命，很多研究集中在2000年或之前的时间。

## 气候系统的改变

气候系统的改变来自自然或内部运作及对外来力量的改变作出的反应。这些外来力量包括了人为与非人为因素，譬如太阳活动、火山活动及温室气体。多名气候学家同意地球近年来已经变暖。近代气候转变的成因仍然是活跃的研究范畴，但是科学界的共识指出温室气体是全球变暖的主因。可是，科学界外仍然对此结论有争议。

在地球大气层排放二氧化碳及甲烷，而其他情况不变下，会促使地面升温，温室气体产生天然的温室效应。如果没有它，地球温度会比现在低30℃，使地球不适合人类居住。因此，在支持与反对这套变暖理论之间争辩是不正确的，反而应该侧重于大气层中二氧化碳及甲烷含量的增加所产生的最终效果，什么时候应该促进或什么时候才同意使之缓和。

举一个重要的回馈过程的例子，就是冰反照率回馈。大气层中增加二氧化碳暖化了地球表面，导致两极冰块溶解。陆地与开放水域便占据更多的地方。两者比冰的反射还要少，所以吸收了更多太阳辐射。这样使变暖加剧，到头来促使更多冰块溶化，循环不断持续。

因为地球的热力惯性与对其他间接效应的缓慢反应，地球现今的气候在不断增加的温室气体下变得不平衡。气候行为研究指出，纵使温室气体维持现今的水平，全球平均温度可能仍然会上升0.5℃~1℃。

## 海洋变化与全球变暖

讲气候变化，海平面上升是很吸引眼球的新闻。其实大海并不是一个平面，海洋不同地方的海平面高度并不都是相同的，不同的大洋之间的海洋高度能相差不少。人类关心的，观测到的，实际上是沿岸的海平面。影响沿岸海平面变化的因素非常多，比如潮汐、天气，比如气候变化，还有陆地本身的上升、下降等，当然不同的因素有不同的时间尺度。

人类对沿岸海平面变化的观测很早，当然早期资料的代表性普遍不足。地中海的资料比较好一些，观测到从公元1世纪到1900年的漫长时间里面，地中海的海平面变化幅度没有超过正负25厘米，或者说基本上是稳定的；这期间地中海的海平面升降的变化速率，基本上都在每年0~2毫米之间。进入近代以后，19世纪后半期，世界各大洋面都有了观潮仪，这样就有了对所有大洋洋面高度的监测数据。这些历史数据里面能发现明显的海平面加速上升的趋势，但是数据还不足以作定量分析。全面系统的观潮仪的数据记录是从1961年开始的，观察到1961~2003年间，全球海平面上升的平均速度是每年1.8±0.5毫米，这期间海平面并不是一个单纯的升高，而是有的年头升高，有的年头降低。更加全面的海平面数据是从1993年卫星进行测量开始的，理论上卫星观测可以得到最直接的海平面观测数据。卫星观测到1993~2003年间，全球海平面上升速度是每年3.1±0.7毫米，速度明显比此前加快。但是这个加快仅仅是短期变化，还是有长期趋势，目前还不好下结论。从观潮仪的记录来看，1993~2003年的海平面上升速度在20世纪50年代以后就曾经发生过，并不具有唯一性。

和很多气候问题一样，尽管全球海平面呈现了整体的升高趋势，但是各个大洋的海平面变化各有不同。观察到从1992年以来，最大的海平面上升发生在太平洋西部和印度洋东部，整个大西洋的海平面除了北大西洋部分地区外基本上在上升，但是在太平洋东部部分地区和印度洋西部，海平面实际上在下降。

## 无机污染物和人体健康

### 1. 氟

氟是环境中主要污染物之一。磷矿、磷肥厂、砖瓦厂、钢铁厂、铝厂是其主要污染源。环境空气质量标准为7克/米$^3$，水和蔬菜、粮食环境卫生标准分别是0.5毫克/升和0.5毫克/千克。人体每日摄取8～10毫克以上的氟就会产生氟骨症，主要症状是：骨硬化（棘突、骨盆、胸廓），不规则骨膜骨形成，异位钙化（韧带、骨间膜等），伴随骨髓腔缩小，不规则外生骨赘。含氟量过多还会导致死胎、流产、早产及畸形儿增多。

通过检验尿氟和血浆氟含量就可以了解是否氟中毒。日本规定一天尿氟量的正常值是：30～40岁人均为0.72毫克±0.4毫克；妇女为0.54毫克±0.38毫克。正常人血浆中氟含量为0.02克/升。严重氟中毒容易骨折。

2. 镉

镉是日本发生骨痛病的元凶。镉被吸收后，首先到肝脏，再被输送到肾脏并积蓄起来。镉在人体内半衰期为6～18年。镉中毒后首先使肾脏及肝脏受损，其后是骨质软化和镉取代骨骼中的钙而使骨骼容易折断。镉慢性中毒到发病可延续20年。镉中毒的症状是门牙和犬牙有镉环。大气中镉含量在50皮克/米$^3$以下时，对健康不会产生明显影响。大米中镉的卫生标准为0.2毫克/千克，蔬菜为0.5毫克/升克，饮用水为0.01毫克/升。

3. 汞

汞是日本水俣病的元凶。主要是甲基汞进入人体后与-SH结合形成硫醇盐，使含-SH的酶包括过氧化物酶、细胞色素氧化酶、琥珀酸脱氢酶、葡萄糖脱氢酶失去活性，进而使肝脏失去解毒功能和破坏细胞离子平衡，导致细胞坏死。甲基汞还能侵害神经系统，特别是中枢神经系统，损害最严重的是小脑和大脑两半球，特别是枕叶、脊髓后束以及末梢感觉神经。汞也能引起流产、死胎、畸胎等异常妊娠。

粮食中汞的卫生标准为0.02毫克/千克，蔬菜为0.01毫克/千克，水中汞的卫生标准为0.001毫克/升，空气最高允许汞浓度为0.0003毫克/米$^3$。

4. 铅

铅是主要的重金属污染物之一，主要引起中枢神经系统损伤和贫血。早期症状是头痛（晕）、失眠、味觉不佳、体重减轻。铅还能降低人的生育能力。铅可进入神经系统各部位，导致中枢神经系统紊乱，运动失调，多动，注意力下降，智商下降，模拟学习困难，空间综合能力下降。在某种程度上可以说，铅污染是导致“罗马王朝”覆灭的主要原因。儿童对铅特别敏感。铅能够使儿童的神经、血液、心血管、消化、免疫、内分泌、生殖泌尿等多系统多器官受损，而且是不可逆的终生损伤。据报道，儿童血铅水平每升高100克/升，身高会降低1.3厘米，智商会丧失6～7分。

我国铅污染非常严重，特别是儿童受害更甚。据中国预防医学科学院环境卫生监测所历时8年的监测，我国儿童血铅含量超标的在城区达50%以上，工业区及机动车流量大的地区高达85%。另据报道，上海、沈阳两市12岁儿童血铅超标（儿童血铅中毒标准100克/升），分别占调查数的61%和54%。

铅的卫生标准是粮食0.4毫克/千克，蔬菜0.2毫克/千克，饮用水0.05毫克/升，空气最高允许含量0.0007毫克/升。

5. 砷

从世界范围来看，因砷和砷化物中毒的事例很多。1900年英国曾发生啤酒砷中毒事件。日本曾发生食用奶粉引起砷中毒事件。成人亚砷酸的中毒剂量为5～50毫克/千克，致死剂量为100～300毫克/千克。砷引起的主要中毒症状有神经损害，早期有末梢神经炎，有蚁走感，皮肤色素沉淀，运动功能失调，视力、听力障碍，肝脏损伤等。无机砷是致癌物，能够引起皮肤癌和肺癌。

蔬菜中砷的卫生标准是0.5毫克/千克，粮食中砷卫生标准是0.7毫克/千克，饮用水是0.05毫克/升。近年来科学家发现，适量的砷对人体是必需的，因此将砷列入生物必需元素。考波漫认为，每人每日摄入砷不得低于12微克。实验已经证明，动物因为缺砷生长发育受阻，免疫力下降。人体正常含砷量为98毫克，每人每日允许最高摄入量是3毫克。

6. 铬

铬是生命必需元素，缺铬将导致糖、脂肪或蛋白质代谢系统的紊乱。但是铬量过多也会产生毒害，六价铬的毒性远远大于三价铬。

铬对人体的毒害主要是引起呼吸器官损害和皮肤损害。例如鼻中隔损伤、溃疡、穿孔和皮肤的腐蚀性反应和皮肤炎。铬还能够致癌，特别是肺癌。

粮食中铬的卫生标准为1.0毫克/千克，蔬菜中铬的卫生标准为0.5毫克/千克，水中铬的卫生标准为0.05毫克/升。

## 知识点

### 半衰期

半衰期是指放射性元素的原子核有半数发生衰变时所需要的时间。放射性元素的半衰期长短差别很大，短的远小于一秒，长的可达数万年。半衰期越短，代表其原子越不稳定，每颗原子发生衰变的机会率也越高。由于一个原子的衰变是自然地发生，即不能预知何时会发生，因此会以概率来表示。每颗原子衰变的概率大致相同。

## 延伸阅读

### 日本骨痛病

骨痛病是发生在日本富山县神通川流域部分镉污染地区的一种公害病，以周身剧痛为主要症状。骨痛病发病的主要原因是当地居民长期饮用受镉污染的河水，并食用此水灌溉的含镉大米，致使镉在体内蓄积而造成肾损害，进而导致骨软症。骨痛病潜伏期一般为2~8年，长者可达10~30年。初期，腰、背、膝、关节疼痛，随后遍及全身。疼痛的性质为刺痛，活动时加剧，休息时缓解。数年后骨骼变形，身长缩短，骨脆易折，患者疼痛难忍，卧床不起，呼吸受限，最后往往在衰弱疼痛中死亡。

## 有机污染物和人体健康

有机化合物的毒性大致有两类：

①由有机化合物本身特定的化学结构决定的，如生物碱、氯仿、乙醚等产生的毒性。

②毒性大小与代谢有关。当某有机化合物进入人体后，在酶等作用下，产生具有较强反应能力的不稳定的中间产物，其中一部分能够与蛋白质、核酸等活性物质结合，破坏具有活性的各种蛋白质，从而使酶等失活，细胞死亡，组织坏死。

下面介绍几种主要有机污染物。

### 1. 多环芳烃（PAH）

多环芳烃在煤、石油中有广泛分布，其中苯并芘（BdP）是一种强烈致癌（肺癌）物质，它主要存在于煤中。如果加上香烟中的焦油，更能够促使癌症的发生。这说明香烟与肺癌关系密切。有不少物质能够诱发 BdP 的致癌作用，这是因为 PAH 几乎不与细胞内的成分起反应。为了能够和机体成分起反应，就要使细胞内的羟化酶活化，而羟化酶的活化需要过渡元素（如铁、镍等）。

云南省宣威县来宾煤含有高 BdP，因此该地区是肺癌高发区。

### 2. N－亚硝基化合物

N－亚硝基化合物是强烈致癌（主要是肝癌）物质，它广泛分布在人类生活环境中。N－亚硝基化合物有 2 个前驱物质：

①亚硝酸盐，存在于一切农产品中，特别是腌制品（火腿、腌肉、腌菜）中含量特别高。放置时间太长的新鲜蔬菜以及焖煮时间太长的食品中亚硝酸盐的含量都会明显增加。

②仲胺，它是动物、植物蛋白质代谢的中间产物。在海鱼和鱼肉罐头中

含伸胺量很高。

亚硝酸盐除有强烈致癌作用外，还能使血红蛋白失去输送氧的能力，引起不同程度的缺氧症状。

粮食中亚硝酸盐的卫生标准为3毫克/千克，叶菜类为1200毫克/千克，瓜果类为600毫克/千克，淡水鱼和肉类都是3毫克/千克，生活饮用水（以氮计）为20毫克/升。

3. 卤化烷类

以三氯甲烷、四氯化碳为代表的卤化烷类，对肝脏有强烈的损害，并有致癌作用。自来水厂用液氯消毒的过程中，常产生挥发性的卤代有机物如三卤甲烷、二溴一氯甲烷和溴仿（THMS），非挥发性卤代有机物如卤乙腈、卤乙酸、卤代酸、卤代酮、卤代醛等。在烧开水时应适当多煮沸一段时间，使挥发性的卤代有机物蒸发掉，以减少水中的氯的次生代谢物的含量。

4. 农药

农药中包括有机氯农药、有机磷农药、有机汞农药、氨基甲酸酯农药、除草剂等。有机氯农药包括六六六和DDT，这是一类脂溶性农药，半衰期长，毒性大。1982年国务院下令停止使用。据2000年对我国16个省区调查，在1914批粮食中，六六六和DDT检出率分别为100%和49.8%，都超出国家卫生标准。有机磷农药包括对硫磷、马拉硫磷、乙硫磷、双硫磷、三硫磷等，因为极易分解，不易产生慢性中毒，但急性毒性较强，它能使人的神经功能失调、嗜睡、语言失常。有机汞农药有西力生（氯化乙基汞）、赛力散（醋酸苯汞）等。这是一类剧毒的农药，能破坏人体中主要酶系，在土壤中的半衰期长达10～30年。氨基甲酸酯农药如西维因等，较易分解，对动物毒性较小，但在体内能够与亚硝酸合成亚硝酸胺类，有致癌作用。除草剂一般都有致突变、致畸、致癌作用。

粮食中农药卫生标准：对硫磷0.1毫克/千克（原粮），甲胺磷0.1毫克/千克（原粮），辛硫磷0.05毫克/千克（玉米），敌敌畏0.1毫克/千克（原粮），乐果0.05毫克/千克（原粮）。蔬菜中的卫生标准：马拉硫磷不得检出，对硫磷不得检出，辛硫磷为0.05毫克/千克，乙酰甲胺磷为0.2毫克/千克，敌敌畏为0.2毫克/千克，乐果为1.0毫克/千克。

## 知识点

### 生物碱

生物碱是存在于自然界（主要为植物，但有的也存在于动物）中的一类含氮的碱性有机化合物，有似碱的性质，因此过去又称为赝碱。生物碱大多数有复杂的环状结构，氮素多包含在环内，有显著的生物活性，是中草药中重要的有效成分之一。有些不含碱性而来源于植物的含氮有机化合物，有明显的生物活性，所以也包括在生物碱的范围内。而有些来源于天然的含氮有机化合物，如某些维生素、氨基酸、肽类，则不属于生物碱之列。

## 延伸阅读

### 吸烟的人要多吃蔬菜、水果

抽烟会使身体中所储备的抗氧化素、维生素快速消耗，而身体中的氧化物质又随之增加，如果不能及时补充就会造成过氧化作用。因此，吸烟的人特别需要补充抗氧维生素，如胡萝卜素、维生素C、维生素E等，尤其是维生素C，它是一种水溶性维生素，被称为“抗坏血酸”，能够有效地避免过氧化作用，同时减少吸烟者的吸烟冲动。在日常生活中为了补充这些维生素，应该多吃蔬菜、水果，少吃肉类，在人体内制造碱性生理环境。蔬菜中，生胡萝卜和小黄瓜富含抗氧化维生素。此外，还应该注意适量补充维生素B、钙质等。

# 可持续发展和环境保护

KE CHIXU FAZHAN HE HUANJING BAOHU

在经历了极其漫长的对自然顶礼膜拜、唯唯诺诺历史阶段之后，人类似乎取得了驾驭大自然的能力，可以呼风唤雨撒豆成兵了。可就在人类正为此沾沾自喜，甚而忘乎所以的时候，种种始料不及的环境问题不期而至，给人类敲响了警钟，使人类明白，不顾环境单纯追求经济的高速增长那只是一厢情愿的无知之徒的想法。可持续发展的思想在环境与发展理念的不断更新中终于形成。

## 人类的可持续发展

人与环境只有和谐相处，才能积极发展，长期共存。所谓协调与发展是指在以人类为核心和主体的全球生态系统中，人通过不断理性化的行为和规范，以协调人类社会经济活动与自然生态的关系，协调经济发展与环境的统一，协调人类的持久生存、世代福利与资源分配的当前与长远的关系，从而实现全人类寻求的总体目标的最优化。

## 可持续发展思想的诞生

我国春秋战国时期的思想家孟子、荀子，早就有对自然资源休养生息、以保证其永续利用等朴素可持续发展思想的精辟论述。在西方，一些早期的经济学家也认识到人类的经济活动实际上存在着生态边界的问题，其代表人物有马尔萨斯、李嘉图等人。

20 世纪中叶，由于工业化和都市化进程，在发达的资本主义国家，环境污染问题日益严重，震惊世界的环境污染事件频繁发生，使众多人群非正常死亡、残废、患病的公害事件不断出现。在这种背景下，各国人民通过各种反污染斗争，要求政府采取积极对策。为此，以控制环境污染为中心的环境立法开始在发达国家制定。随着国际环境污染问题的出现，国际环境立法也逐步受到重视。

1968 年，来自世界各国的几十位科学家、教育家和经济学家等学者聚会意大利首都罗马，成立了一个非正式的国际协会——罗马俱乐部（The Club of Rome)，他们通过发表一份名为《增长的极限》的报告，在国际上产生了极大的影响，促使人们对环境和可持续发展问题的进行思考，表现出对人类前途的忧虑。它所阐述的均衡发展的观点为孕育可持续发展的思想提供了土壤。

1992 年 6 月 3 日至 14 日，联合国环境与发展大会在巴西里约热内卢国际会议中心隆重召开。180 多个国家派代表团出席了会议，103 位国家元首或政府首脑亲自与会并讲话。参加会议的还有联合国及其下属机构等 70 多个国际组织的代表。会议讨论并通过了《里约环境与发展宣言》（又称《地球宪章》，规定国际环境与发展的 27 项基本原则)、《21 世纪议程》（确定 21 世纪 39 项战略计划）和《关于森林问题的原则声明》，并签署了联合国《气候变化框架公约》（防治地球变暖）和《生物多样化公约》（制止动植物濒危和灭绝）两个公约。

本届环境与发展大会提出了人类“可持续发展”的新战略和新观念：人类应与自然和谐一致，可持续地发展并为后代提供良好的生存发展空间；人类应珍惜共有的资源环境，有偿地向大自然索取……人类为此应变革现有的生活和消费方式，与自然重修旧好，建立新的“全球伙伴关系”——人与自然和谐统一，人类之间和平共处。

人类对客观世界的认识总是有一个过程的，这一过程随着社会的发展、自然的变化在实践中逐步深入。人们对“环境与发展”的认识能达到今天这样一个高度就经历了漫长的岁月。最初人类只是单纯地适应环境，向自然索取，逐渐发展到利用自然、改造自然、征服自然，甚至幻想主宰自然，直到受到大自然的报复之后才开始有所觉醒。第二次世界大战以后，西方发达国家的工业飞速发展，直到20世纪60～70年代发展达到高潮，但此时越来越多的公害出现之后，人们才认识到全球环境问题对人类生存和发展已构成了现实的威胁，并引起人们对前途和命运的普遍担忧与思考。

在《增长的极限》中，作者麻省理工学院的教授丹尼斯·米都斯通过采用系统动力学的原理和方法研究表明，若世界人口、粮食、工业化、非再生资源、环境污染等五大问题都按照一定的指数增长或减少的话，由于人口的骤增将导致粮食的大量需求；工业生产的飞速发展，将消耗大量资源，并造成大量环境污染；在今后的几十年直至21世纪的某一时候，这一严重程度将达到极限，从而导致全球性危机——不可再生资源枯竭、可耕地面积锐减、生产衰落、人均食品和工业品大幅度下降、环境污染加重、人口死亡率将急剧增加……

如何改变这种严重的趋势呢？以丹尼斯·米都斯为代表的一派认为：“全新的态度是需要使社会改变方向，向均衡的目标前进，而不是增长”；“人类与自然之间日益扩大的鸿沟是社会进步的后果”；“我们不能企望单靠技术上的解决办法使我们摆脱这种恶循环”。其意旨在于，只有停止地球上人口增加和经济发展才能维护全球平衡。实际上，《增长的极限》报告的实质是主张“零的起点”。另一派是以美国赫德森学院“美国未来”研究所所长H. 康恩为代表，他们认为2000年以后到2175年世界人口将达到150亿，世界总产值却可达到300万亿美元，人均2万美元，可以说比较富裕了。而且无论能源、资源、粮食等在今后200年对于150亿人口的地球人生活，可以说是绰绰有余的。前苏联学者E. K. 费多罗夫院士也对增长极限的论点持不同看法，他认为生物圈的资源对人类的发展是足够的，地球能负担得起约

10倍于目前人口的生存。以上是对人类生存环境问题存在的具有代表性的悲观派与乐观派的辩论。尽管双方所持观点不同，研究得出的结论各异，但是，他们共同的一点是都看到了环境问题对人类的危害，更重要的意义是由于他们的争论唤起了全世界对未来前途的关注，也可以说是为1972年的斯德哥尔摩大会打下了基础。

1972年联合国人类环境大会在瑞典斯德哥尔摩召开，共有113个国家的代表参加这次大会。大会确定每年6月5日为“世界环境日”。此次会议召开之际世界正处于冷战时期，所以使这样的科技大会也被涂上了浓重的政治色彩。会议上发展中国家强调美、苏两个发达国家在发展工业时给环境造成了巨大污染。

中国代表团团长唐克在发言中指出：“世界上越来越多的地区人类环境受到污染和破坏，有的甚至形成了严重的社会问题……向公害作斗争已成为保证人类健康发展的一个迫切任务。我们认为某些地区的公害之所以日益严重、成为突出的问题，主要是由于资本主义发展到帝国主义，特别是由于超级大国疯狂推行掠夺政策、侵略政策和战争政策造成的……”，中国主张在发展工业的同时要防治污染加强环境保护，反对资本主义国家先污染后治理的做法。但是当时也偏颇地认为环境污染是资本主义发展的必然趋势，而社会主义在这方面有无比的优越性。中国代表团的发言在会上引起了强烈的反响，特别是得到第三世界国家的支持。由于当时发展中国家经济比较落后，环境问题并不突出，所以在1972年人类发展大会上只是强调发达国家造成的污染而并未把环境与人类经济和社会发展联系起来，因此各国在解决环境问题上未能达成共识。斯德哥尔摩环境会议仍昭示着人类环境意识的觉醒，为研究和解决全球环境问题带来了新的曙光。

在此后的20年中，联合国为世界环境保护问题做了大量的工作：1982年召开肯尼亚大会。1983年，联合国成立世界环境与发展委员会。1987年发表的《我们共同的未来》的长篇报告中提出：全球经济发展要符合人类的需要和合理的欲望，但也要控制在地球可支持的范围内，从而更好地迎接环境与经济发展的新时代。报告还指出“人类有能力实现持续发展——确保在满足当代需要的同时不损害后代满足他们自身需要的能力”。本次大会首次在文件中正式使用了“可持续发展”这个概念。

1992年，巴西里约热内卢环境与发展大会通过了《21世纪议程》等5个重要文件，体现了人类对于环境问题有了更新更高的认识。此次大会对全世界未来的文明发展进程奠定了坚实的基础。《21世纪议程》成为全球实施可持续发展战略的行动纲领。

“可持续发展”最早是由生态学家根据生态环境的可承受能力或者叫环境容量提出来的。生态环境是一个复杂的、开放的、动态系统，它具有自我调节的能力，在一定的限度内，它可以承受外界影响造成的局部破坏，并且可以自动恢复到原来的状态。当外界影响超过这一极限时，将造成生态环境的长久破坏或永久不可逆转的破坏。所以外界的影响无论是自然的、还是人为的作用，都不能超过这一极限范围，否则无法维持可持续发展。

人与环境是对立的统一体。在人与环境的关系中首先必须认识清楚“人是自然界的一部分而并非大自然的主宰；人类的一切行为不可超越自然”。因此，人类的活动毫无例外地应服从物质世界的整体规律，在发展经济、向大自然索取的过程中，以及向大自然排放污染物的时候都必须考虑不可超过环境的承受极限。人们必须约束和规范自己的行为，保护好我们的家园。但是，人又与其他地球生物有本质的不同，他们不仅仅被动地适应环境，依赖环境而生存，而且有巨大的创造力和建设的能力来推动人类社会不断发展和进步。人类的活动对生态环境产生极大影响，特别是近百年来由于人口的骤增、生产力的发展和科技的进步给环境带来越来越大的影响，出现了自然资源枯竭、生态环境破坏及污染的灾难性现象。人类的活动给大自然带来的消极影响已经直接威胁到人类自身，“皮之不存，毛将焉附”？生存环境都没有了，又何来发展呢？人与环境的关系无主次之分，也不是谁主宰谁的关系。

为了实现协调发展的目标，务必做到在社会、经济与技术之间，在经济发展与生态环境之间，在自然资源的需求与供给之间的和谐统一，以达到经济发展是高效的、社会发展是平等的、环境发展是合理的目的。

知识点

## 富集

富集是指某些物质通过水、大气和生物作用而在土壤或生物体内显著积累的作用。生物富集是指处于同一营养级的生物种群或生物体，从环境中吸收某些元素或难分解的化合物，使其在生物体内的浓度超过环境中浓度的现象。

人类在改造自然的过程中向生态系统排放了大量的有毒有害物质。这些物质会在生态系统中循环，并通过富集作用积累在食物链最顶端的生物上（最顶端的生物往往是人类自己），从而引起多种生态公害事件。

延伸阅读

## 公害事件

公害事件是指因环境污染造成的在短期内人群大量发病和死亡的事件。

公害事件按发生原因可分为：

(1) 大气污染公害事件。这类公害事件是由于煤和石油燃烧排放的大气污染物造成的。如英国伦敦烟雾事件、美国多诺拉烟雾事件、日本横滨哮喘病事件等。

(2) 水污染公害事件。这类公害事件是由于工业生产把大量化学物质排入水体造成的。如日本的水俣病事件。

(3) 土壤污染公害事件。这类公害事件是由于工业废水、废渣排入土壤造成的。如含镉工业废水引起的日本富山县的骨痛病事件。

(4) 食物污染公害事件。这类公害事件是由于有毒化学物质（食品添加剂）和致病生物等进入食品造成的。如日本的米糠油事件。

（5）核泄漏污染公害事件。这类公害事件是由于核泄漏造成的对土壤、生物等的危害。典型事件：1986 年，苏联的切尔诺贝利核电站反应堆发生故障，导致核废液泄漏污染大气、河水和土壤，欧洲大部分地区都受到不同程度的影响。

## 可持续发展的意义及内容

1989 年，“联合国环境发展会议”（UNEP）专门为“可持续发展”的定义和战略通过了《关于可持续发展的声明》，认为可持续发展的定义和战略主要包括四个方面的含义：（1）走向国家和国际平等；（2）要有一种支援性的国际经济环境；（3）维护、合理使用并提高自然资源基础；（4）在发展计划和政策中纳入对环境的关注和考虑。

总之，可持续发展就是建立在社会、经济、人口、资源、环境相互协调和共同发展的基础上的一种发展，其宗旨是既能相对满足当代人的需求，又不能对后代人的发展构成危害。可持续发展注重社会、经济、文化、资源、环境、生活等各方面协调“发展”，要求这些方面的各项指标组成的向量的变化呈现单调增态势（强可持续性发展），至少其总的变化趋势不是单调减态势（弱可持续性发展）。

里约热内卢会议产生了 2 项国际公约、2 项国际声明和 1 个主要行动议程共 5 个文件。在这 5 个文件中，《关于环境与发展的里约热内卢宣言》的文件确定了各国寻求人类发展和繁荣的权利和义务。综合起来共 4 个方面，它就是“可持续发展”的基本内容。

（1）人类方面：“首先人有权在与自然和谐相处中享受健康，丰富自己的生活。但今天的发展绝不能损害现代人和后代人在环境与发展中的需求”。人类首先要明确自己在自然界的地位——“人是生态系统的一个成员”。所以，人类必须把自己的行为控制在环境可以接受的范围内，人口增长必须与环境协调发展，这样才能长期生存下去。

（2）经济方面：传统的经济发展模式是一种单纯追求经济无限“增长”的粗放型增长模式。这种发展模式是建立在只重视生产总值而忽视资源和环境的价值、无偿索取自然资源的基础上的，付出了牺牲环境的代价。

这样的经济增长是不可持续的，而且势必导致与生态环境之间的矛盾日益尖锐。

（3）社会方面：社会的可持续发展是人类发展的目的。社会发展的实际意义是人类社会的进步，人们生活条件的改善。发展解决提高人类整体生活水平的问题，缩小贫富差距，消灭贫困问题。通过发展，使贫穷的人们更容易获得他们赖以生存的各种资源，达到消除贫困的目的。

（4）生态环境方面：要树立正确的生态观，尊重自然规律，了解环境容量及其自净能力才能使人与自然和谐相处，最终达到可持续发展的目的。为保护环境，各国应依照本国国力加强预防措施，不损害其他国家的环境。为实现可持续发展，各国对环境必须纳入发展计划，使其对经济发展产生积极的推动作用。而不能人为割裂经济发展和环境之间的联系，不能破坏生态平衡。

可持续发展战略的目的，是要使社会具有可持续发展能力，使人类在地球上世世代代能够生活下去。人与环境的和谐共存，是可持续发展的基本模式。自然系统是一个生命支持系统。如果它失去稳定，一切生物（包括人类）都不能生存。自然资源的可持续利用，是实现可持续发展的基本条件。因此，对资源的节约，就成为可持续发展的一个基本要求。它要求在生产和经济活动中对非再生资源的开发和使用要有节制，对可再生资源的开发速度也应保持在它的再生速率的限度以内。应通过提高资源的利用效率来解决经济增长的问题。

真正实施可持续发展之路是漫长而艰辛的，我们所面临的是如何将里约热内卢大会精神转变成各国的行动。我们相信：伟大的里约热内卢大会精神一定会不断地在社会实践中发扬光大。

共同的利益将人类结成命运共同体，为建设一个干净的、丰富多彩的地球而努力奋斗。只要各国政府立即行动起来，采取切实有效的措施唤起民众，利用科学家的智慧，发挥企业家的才能，人类一定能在拯救地球的过程中改造自己，创造新的文明。

## 知识点

### 环境容量

环境容量是指某一环境区域内对人类活动造成影响的最大容纳量。大气、水、土地、动植物等都有承受污染物的最高限值，这个最高的限值就是环境容量。就环境污染而言，污染物存在的数量超过最大容纳量，这一环境的生态平衡和正常功能就会遭到破坏。环境容量包括绝对容量和年容量两个方面。前者是指某一环境所能容纳某种污染物的最大负荷量。后者是指某一环境在污染物的积累浓度不超过环境标准规定的最大容许值的情况下，每年所能容纳的某污染物的最大负荷量。

## 延伸阅读

### 可持续发展的两个要素

可持续发展包含两个基本要素或两个关键组成部分：“需要”和对需要的“限制”。需要说的是要满足贫困人民的基本需要。对需要的“限制”主要是指对未来环境需要的能力构成危害的限制，这种能力一旦被突破，必将危及支持地球生命的自然系统，如大气、水体、土壤和生物等。

决定可持续发展的这两个要素的关键性因素有下列三点：

（1）收入再分配以保证不会为了短期存在需要而被迫耗尽自然资源。

（2）降低主要是穷人对遭受自然灾害和农产品价格暴跌等损害的脆弱性。

（3）普遍提供可持续生存的基本条件，如卫生、教育、水和新鲜空气，保护和满足社会最脆弱人群的基本需要，为全体人民，特别是为贫困人民提供发展的平等机会和选择自由。

# 中国的可持续发展

## 建设节约型社会的背景

资源节约型、环境友好型社会（以下简称“节约型社会”）是通过资源的高效和循环利用、合理配置和有效保护，使经济社会发展与资源环境承载能力相适应，塑造可持续发展和人与自然和谐的社会。建设节约型社会，就是要在社会生产、建设、流通、消费的各个领域，在经济和社会发展的各个方面，切实保护和合理利用各种资源，提高资源利用效率，以尽可能少的资源消耗和环境占用获得最大的经济效益和社会效益。节约型社会的核心是资源有效配置、高效和循环利用。节约型社会体现了人类发展的现代理念，是未来社会的重要特征。建设节约型社会是一项长期的系统工程，需要在管理、技术、体制和机制等方面的创新。

进入新世纪以来，随着全面建设小康社会进程的开始，我国的经济规模进一步扩大，工业化和城市化进程全面加速，资源供需矛盾和环境压力变得越来越大。从 2002 年到 2004 年，我国能源消费过快增长，年增长率分别达到 9.8%、10.1% 和 15.2%，主要原材料消耗也大幅度超过 GDP 增长率，煤电油运供求在历史上第一次出现全面紧张，资源短缺对经济增长的刚性约束十分凸显。中国的能源和原材料已经越来越依赖国际市场。2002 年，中国铜产量 60% 以上、铝产量 40%、铅产量 20%、锌产量 15% 是靠进口原料生产。2003 年，中国的铁矿石、氧化铝和镍的对外依存度分别达 36%、47%、55%。2004 年，中国石油消费的对外依存度超过 40%。过去几年间，中国主要资源消费的增加量占世界总增加量的比例，包括能源、煤炭、石油和钢等均已居世界第一位，中国对能源和原材料迅速扩张的需求已经对国际市场产生了深刻影响。

## 建设节约型社会的全球意义

中国的迅速崛起正在对全球产生广泛而深远的影响。总体来看，中国崛起对世界其他国家的发展是积极而有益的。实际上，改革开放以来的20多年，中国已经对全球经济增长、全球贸易增长、全球减贫事业做出了巨大的贡献。未来中国的发展还将为人类做出更大的贡献，中国融入全球市场导致的新的国际分工格局，不仅使发达国家的消费者广泛受益，也为发展中国家提供了新的发展机遇和范例。

但是有关中国崛起带来的资源能源方面的挑战是客观存在的，不仅值得外部的广泛关注，也是我们自己需要客观面对的。历史上，任何大国的崛起，不仅伴随着世界政治经济格局的变化，更带来资源的重新分配。如果国际市场和贸易不能有效调节资源的再分配，就会引发国际政治的冲突和紧张，甚至导致战争。而中国此次的崛起，与历史上历次大国的崛起相比，最大的不同在于人口规模，属于超大规模人口的崛起。1870年美国开始经济起飞时人口只有4000万，1950年日本开始经济起飞时人口约8400万，而中国1978年开始经济起飞时人口接近10亿，中国崛起的人口数量是美国或日本当时崛起时人口数量的10倍以上。这一不同点决定了中国的崛起，伴随着超大规模的资源消耗效应，即资源和能源消耗量迅速增长，占全球总消费量比例迅速上升，进而对全球市场产生深刻影响。

在这种情况下，我们必须更为审慎地选择崛起之路。中国仅仅是“和平崛起”是不够的，还必须是“绿色崛起”，即通过更为合理和有效地利用本国资源和全球资源，减缓资源消耗和污染排放对全球的负面影响。只有走绿色的崛起之路，中国的快速经济增长才是可持续的，中国的崛起才是能够为世界所接纳的。中国要实现“绿色崛起”，最为根本的支撑就是建设节约型社会，走一条大力节约资源和保护环境的自律式、非传统的现代化道路。

因此，从全球视角来看，中国建设节约型社会，不仅具有重要的国内意义，还具有非常重要的全球意义。如果中国沿袭西方式的现代化道路，伴随着其经济规模的进一步扩大，其对能源和原材料的巨大需求，势必给全球市场带来愈来愈强烈的冲击。反之，中国选择非传统的现代化道路，走自我约束的节约型社会的发展之路，则将对全球的可持续发展事业做出重大贡献。如果中国能够以非传统的方式推进并实现现代化，那么将为广大发展中国家提供极其重要的发展经验，进而对推动整个人类发展进程产生深远的影响。中国作为一个负责任的大国，正在推进的节约型社会建设是一项伟大的事业，我们希望与国际社会及关心人类命运的一切人士携起手来，共同创造人类美好的可持续的未来。

## 建设节约型社会的历史演变过程

（1）节约型社会思想的提出

早在20世纪60年代，中国科学院的专家就提出了加强合理利用和保护自然资源的思想，强调保持自然资源与社会需求之间的平衡的理念。1972年，联合国在瑞典首都斯德哥尔摩召开了第一次人类环境会议，中国政府派代表参加了这次会议。随后的1973年，成立了国务院环境保护领导小组办公室。1978年中国实行改革开放以来，随着经济的发展，资源被无序利用，生态环境遭到严重破坏，部分地区自然环境恶劣，资源和环境总体形势严峻。中国科学院周立三院士曾用“掠夺资源的经营方式”来形容我国当时的经济发展模式，提出要变粗放经营为集约经营的理念，使我们对节约、可持续发展的认识有了逐步提高。

（2）节约型社会思想的发展与成熟

中国科学院国情分析研究小组在上世纪80年代中期开始对中国的国情进行了系统的研究，出版了一系列国情研究报告，在这些报告中，提出了中国的人口资源、环境、经济要协调发展，要走非传统的现代化道路，建立资源节约型国民经济体系，通过开源与节约相结合，大力开发人力资源，解决人口过多和资源相对紧缺的矛盾。

1994年，中国政府发表了《中国21世纪议程——中国21世纪人口、环境与发展白皮书》，提出“促进经济、社会、资源、环境以及人口、教育相互协调、可持续发展”的总体战略和政策措施。然而，《中国21世纪议程》的重点放在控制人口、保护环境、发展经济上，节约资源未被纳入中心议题。2002年，中国政府发表了《中华人民共和国可持续发展国家报告》，系统阐述经济、社会与环境的相互关系，提出了一个综合性、长期和渐进的实施可持续发展战略框架。

2004 年初，中国政府正式提出要“建设节约型社会”，目的是通过转变经济增长方式等措施，根本解决全面建设小康社会面临的资源和环境压力，保障经济社会的持续、协调和健康发展。2005 年初，中国政府进一步提出“构建和谐社会”设想，目的是保障中国经济更加发展，民主更加健康，社会更加和谐。

上述一系列变迁说明，中国政府的发展观在发生质的变化，由以 GDP 增长为主要发展目标，逐渐转变到关注以人口、环境、资源、社会、经济和谐发展的总体目标。中国的可持续发展内涵在与时俱进地深化和拓展，至此，一条具有中国特色的建设节约型社会之路初见端倪。

## 美日发展模式对我国的影响

目前，资源环境问题已经成为中国发展的软肋和“瓶颈”。可持续发展的提出，意味着承认高开采、高利用、高排放的粗放式发展模式难以持续，经济增长面临极限。只有通过合适的发展模式，解决了经济增长与人口、粮食生产、工业化、环境污染及资源消耗之间的矛盾，才能突破增长极限，实现经济、社会的可持续发展。模式转变的本质是创新，对于任何地区或国家的经济发展来说，已有模式，即使是在其他国家或地区取得巨大成功的模式，也只能作为借鉴和参考，而不能盲目效仿和照搬。发展模式因同一时期的不同区域或国家、同一区域或国家的不同发展阶段而不同，没有一劳永逸的发展模式，各个区域要根据自身特点并从其经济发展实际出发，独立地去构建自己的发展模式，并随着经济发展的进程不断完善它、发展它。

### 1. 美国模式

#### (1) 长时间世界霸主地位与能源高消费

美国在保持世界第一强国地位的同时，也是世界上最大的能源消费国。

2002年美国石油消费总量约占世界总产量的25%，其石油进口量为世界总进口量的35%。根据1990年世界各主要国家二氧化碳排放量统计，美国一国约占世界总排放量的36.1%，是世界第一温室气体排放国。但是美国一直没有签署《京都议定书》。

美国利用其全球霸主地位，以强大的军事实力保障海上运输线，充分利用其在全球各个角落的巨大影响力，整合各种资源，甚至不惜牺牲他国环境代价获取经济利益。美国在近几十年里，也逐渐认识到自身能源高消费的严重危害，开始制定和实行很多降低能源消耗的国家战略规划与法制框架，有很多经验值得我国借鉴。

（2）污染控制和资源管理方面的国家立法与国家战略规划

美国在环境保护法律制度的有些方面，实际上是走在了世界的前列，并对西方主要资本主义国家都有重要影响。过去几十年中，美国通过了多部法律，鼓励资源的再生利用。1969年美国制定的第一部联邦环境成文法《国家环境政策法》，并制定了具有较大国际影响的环境影响评价制度。

美国于1965年通过了《固体废弃物处理法》，并于1976年更名为《资源保护和恢复法》，之后又经过多次修订，完善了危险废物和固体废物的各项管理制度。1990年又通过了《污染预防法》，其目的是通过信息收集、协助技术转让和资金援助来限制污染的产生，体现了预防为主的原则。同时，美国联邦政府和各州政府还推行了一些废物管理方面的政策。自20世纪80年代中期以来，美国已有半数以上的州先后制定了促进资源再生利用的法规。

美国虽然没有批准《京都议定书》，但在2002年时提出了《美国国内产业自律型的能源消耗说明书》，以此来限制国内的污染问题。美国从能耗、环保、税收等方面对电解铝、电石、铁合金等高耗能项目进行限制，迫使跨国公司越来越多的将此类产业向发展中国家转移。这些项目不仅大量耗费当地资源，其产品市场却主要在国外，把污染留在当地。

（3）企业、公众对国家战略的响应与支持

国家层面的法律保证与政策框架，如果辅以行政层面和司法层面的执法保障，必然会在企业层面得到响应。目前，从企业层次污染排放最小化实践，到区域工业生态系统内企业间废弃物的相互交换，再到产品消费过程中和消费过程后物质和能量的循环，都有许多很好的成功实例。

2. 日本模式

日本作为一个资源匮乏和曾饱受环境公害之苦的经济大国，深刻感受资源与环境对经济发展的约束作用。为此，20 世纪 90 年代日本提出了建设循环型社会的构想，制定了建立环境负荷较小、以废物循环为基础的经济社会系统的长期目标。

（1）通过法律制度促进建设循环型社会

1991 年，日本国会再次修订了 1970 年的《废物资源管理法》，并通过了《资源有效利用促进法》。1993 年，日本又以减少人类对环境的负荷为理念制定了《环境基本法》，实现了环境立法从完备单项法律体系为目标走向法典化的重要一步。此后，《容器和包装物的分类收集与循环法》与《特种家用机器循环法》分别在 1995 年与 1998 年被通过。2000 年日本国会通过了六项法案：《促进循环型社会形成基本法》、《废物资源管理法》（修订）、《资源有效利用促进法》（修订）、《建筑材料再生法》、《食品再生法》、《绿色采购法》。2002 年还通过了《车辆再生法》。当年，也被称为日本“循环型社会建设元年”。

目前日本的循环经济立法是世界上最完备的，这也保证日本成为资源循环利用率最高的国家。

（2）政府发挥协调管理职能

在日本，为建立循环型社会，经济产业省、环境省、国土交通省、农林水产省等各行政部门各自制定环境政策，互相补充，通力合作。各相关部门相互配合、多领域合作构筑了日本循环型社会。

日本于 1974 年设立了阁僚级管理环境的专门机构——环境厅，并逐步建立起以环境厅为核心的日本环境行政体系。环境厅是全面推行环境保护政策。防止公害，保护和改善生态环境的行政机关。2002 年由原环境厅加上厚生省一部分升格而成的环境省起着主导作用。升格后的环境省，其行政职能有所加强。一是从环境管理的角度出发，通过强化与相关省厅调整、联合，开展综合性的环境管理；二是在防止气候变暖等全球环境事务方面，加强统一领导和协调。

此外，政府机关实施绿色采购制度。从2001年4月开始，根据《绿色采购法》，日本政府各机关在购买商品如纸类、文具用品、汽车时，都要购买环境友好型产品，这一行动已经在日本产生了减少环境负荷的效果；2002年，由于政府大量采用再生纸，使得原生纸浆使用量减少了23.4万立方米，环保文具用品和低公害汽车的使用也使二氧化碳的排出量分别减少了58吨和816吨。政府带头使用环保产品对民众消费观念的更新起着重要的示范作用。

（3）鼓励环境友好型企业和环保产业发展

在20世纪50年代，为扶持重工业发展，日本政府采取了向重工业倾斜的产业政策。20世纪90年代，随着各国对环境问题的关注以及环境因素在国际贸易中影响的增强，为提高产业素质及产品国际竞争力，日本政府也对采取环保措施的企业实施了产业倾斜政策。首先，在预算方面，为支持中小企业环保技术的开发，政府补助技术开发费用率最高可达50%。对于将3R技术实用化、技术开发期在两年以内的新产业，政府补助率最高可达费用的2/3。对于引进节能设备的企业也给予一定的资金补助。第二，在融资方面，只要满足一定的条件，日本政策投资银行等金融机构将对引进3R技术设备的企业提供低息贷款。第三，在税制方面，只要满足一定条件，将对引进再循环设备的企业减少特别折旧、固定资产税和所得税。日本的产业倾斜政策增加了企业发展循环经济的积极性。

日本为了建设循环型社会，大力加快了环保产业发展。环保产业是指在国民经济结构中，以防治环境污染、改善生态、保护自然资源为目的而进行的技术产品开发、商业流通、资源利用、信息服务、工程承包等活动的总称。目前，日本在形成一种新的环保产业的形式——“静脉产业”，它是那些将废弃物转换为再生资源的产业的总称，因为这些产业能使生活和工业垃圾变废为宝、循环利用，起着工业系统中的“静脉”作用。

（4）鼓励公众参与

鼓励民间团体自愿活动，加强国际协调与合作。日本的环境保护民间自愿团体很多，为争取民众环境权做出了巨大贡献。日本法律鼓励民间团体的自愿活动，并且国家为其提供包括可再生资源产生、循环和处置状况的信息。

同时，日本还进行多渠道环境教育，不断充实其环境宣传手段，通过电视、广播、报纸、杂志等各种媒体进行宣传活动，通过制作、分发宣传小册子宣传环境保护的重要性，以提高国民的环境意识，同时还在互联网上开设绿色购物网、绿色消费者全国网为消费者提供商品的环境信息。

## 可持续发展体系的建立

人类的可持续发展不是一个国家和地区的问题，而是栖息在这个星球上的全人类的问题，没有一个国家可以置身事外。可持续发展体系的建立需要国际间携起手来，积极配合，群策群力，共谋出路。另外，还要将环境保护工作提到一个相应的高度，专门立法，专职管理，在市场经济条件下，还要将其纳入市场经济轨道。这样多管齐下，才有可能建立起一个完整的行之有效的人类可持续发展体系。

### 国际间要携手合作

人类为了生存所进行的资源及能源的开发和利用是完全必要的，但是所有开发和利用都应当从整个自然界，尤其是地球环境的生态系统，即所谓生物圈的平衡状况加以全面的和科学的考虑，然后再在保护自然环境、维持生态多样性的基础上，达到人和自然之间的协调。

当前，不但要加强和扩大那些具有原始性状，即受人类影响较少的生态系统，通过人为的保护和再建、使其维持原始的自然面貌，保持生态系统内部各要素的平衡，而且要重视人类在认识化学物质毒性问题上所取得的宝贵经验。对于各种化学物质，从生产到废弃的整个过程，都要考虑一个防止污染环境的安全措施，更应当寻求无污染的生产方法，制取无毒性的化学产品。我们要知道，环境危机不仅仅对某一个国家的安全构成威胁，而是威胁到整个人类的生存和发展。因此，人类要携起手来共同保护自己的家园——地球。

随着环境污染日益国际化，环境问题是全球整体性的问题，它的解决不是任何一个国家单枪匹马能够单独胜任的，必须全球携起手来共同处理这个问题。各国经济发展不平衡及地理因素的差异，也要求相互取长补短，进行合作。另外，调查全球范围内的污染，必须在全球范围内进行广泛监测和调查研究。交流防止环境恶化的知识与经验，也有赖于国际合作。

可见，国际合作是国际环境立法和国际环境法实施的必要条件。唯有通过合作，才能克服利益冲突，制定表现为各国之间的协调意志的国际环境法规则环境保护国际合作的内容如下：

（1）建立全球性环境保护系统，如监测系统和查询系统等。现在国际上建立了全球环境监测系统、国际环境资料查询系统和有毒化学物的国际登记中心。我国已经参加这三个系统。黄河、长江、珠江、太湖四个水系已参加全球水监测系统，北京、上海、沈阳、广洲和西安等城市已参加世界城市大气污染监测。

（2）发展国际综合治理体制。近年来，地区性国际综合治理出现了较大发展。各种不同规模的地区治理环境组织到 1984 年就已超过 50 个，特别是根据地球自然条件，出现了综合治理体制。欧洲已开始从分片治理发展到制定全欧环境保护计划。

（3）建立国际协作制度。处理有关国际环境问题的一条重要原则，是要求有关国家之间经常进行协商和互通情报。很多国家条约都有此规定，并已逐渐形成国际惯例和制度。1974 年北欧四国的《环境保护公约》就规定，互相之间主动通气、征求意见，遵守共同规定的法律秩序，实行互相监督。

（4）援助发展中国家。发展中国家的环境问题是由于不发达状况造成的。要解决发展中国家的环境问题，发达国家应进行援助，包括削减或免除发展中国家的债务，以增加它们解决环境问题的能力。

（5）各国共同发展和促进各种应急计划。除上述内容外，国际合作原则还要求各国共同努力提高现有技术，发展无污染或低污染的新技术，并应用于现代社会。

（6）共享共管全球资源。如对国家管辖范围外的海洋、外层空间、世界的自然和文化遗产。

（7）禁止转移污染和其他环境损害。由于一些发达国家向发展中国家转移污染和生态破坏，世界各国加强了在控制包括向海洋倾倒垃圾的污染和危险废物转移。

可持续发展的核心是人的全面发展、人的素质的普遍提高。可持续发展的决定因素是人类的活动及经济发展方式。所以，改变人们的传统习惯和旧的发展模式，提高人们环境意识是亟待解决的根本问题。

“教育能赋予人们关于可持续发展所需要的环境和道德方面的意识、价值倾向、技能和行为。”所以首先是普及基础教育，提高全民的文化水平是完成可持续发展的必要保证。其次是推广环境知识，将环境与发展的概念引入课堂，让人们了解重大环境问题的成因，对提高环境意识和规范人们的行为、自觉保护环境有极大的帮助。另外，新闻媒体、文艺团体及广告业的合作可以加强宣传扩大影响，让保护生态环境的理念深入人心，妇孺皆知，发挥社会各界的作用，促进公众的参与，让全球行动起来保护我们的地球家园。要使人们认识到，地球生态系统失去平衡，受到最大威胁的既不是哪一种资源，也不是哪一种动植物，而是人类自身。因此人类不能消极地等待，而应积极地行动。我们要珍视自己的历史、文化、传统、信仰，这些都是很宝贵的。但是，这些都要适应地球生物系统平衡所需的多样化功能，我们赖以生存的世界才能丰富多彩。这就是说，地球是一个互相依存的整体，人类为了生存和发展，应该抛弃“大气、海洋、土地是无边无际”的荒唐观点，在整体性和相互依赖性的基础上建立一种新的公平的全球伙伴关系，通过国际合作，拯救正在失去平衡的地球，为我们的子孙后代创造一个适合生存和发展的优美环境。

## 知识点

### 生态系统

生态系统指由生物群落与无机环境构成的统一整体。生态系统分为自然生态系统和人工生态系统，自然生态系统又可进一步分为水域生态系统和陆地生态系统。生态系统的范围可大可小，有的生态系统很大，有的生态系统很小，最大的生态系统是生物圈；最为复杂的生态系统是热带雨林生态系统。人类主要生活在以城市和农田为主的人工生态系统中。

## 延伸阅读

### 《联合国海洋法公约》

联合国海洋法公约指由联合国召开有关会议通过的规范各国管辖范围内外各种水域的法律地位，调整国家之间、国家与国际组织之间在海洋方面关系的国际公法。此公约对内水、领海、临接海域、大陆架、专属经济区（亦称“排他性经济海域”）、公海等重要概念做了界定。对当前全球各处的领海主权争端、海上天然资源管理、污染处理等具有重要的指导和裁决作用。1994年11月16日海洋法公约生效。我国全国人民代表大会常务委员会于1996年5月15日通过该公约。海洋法公约共分17部分，连同9个附件在内共有446条。联合国曾就海洋管理问题召开了三次会议，前两次由于各种原因未达成协议，1973年联合国在纽约再度召开会议，预备提出一全新条约以涵盖早前的几项公约。1982年断断续续而漫长的会议，终于以各国代表共识达成结论，海洋法公约终于出炉。

## 建立公害防治体制

环境污染受多种因素的影响，因此，若想从根本上解决问题，靠单一的治理是行不通的。只有把环境保护和经济发展结合起来 综合防治，才能达到最佳的防治效果。所以，建立一个统一、集中的公害防治体制，协调行动，才能更好地解决防治环境污染的过程中出现的各类问题。

20世纪70年代前，各国对防治公害工作还不是很重视，相关工作也分别由各个机构分担，没有专门的公害防治和环境保护机构。导致政出多门，职责不清。因此，环保政策没有一揽子考虑方案，仅是“头痛医头，脚痛医脚”。苏联虽然是中央计划经济国家，但相当长时间内没有统一的环保机构，卫生部只管制定环境卫生标准和规程，科学院更多地从事环境污染的调研工作，国家科委只起计划协调作用，农、林、渔等部门也负责水利资源、土地侵蚀、森林保护等管理工作。在日本，上面这些工作也被分散到内阁各个部门，权责不清，政策法令不统一，遇事经常推诿扯皮，各行其是。因此，环保工作往往收效甚微。

各国政府为此于20世纪70年代前后分别建立了统一、集中的公害防治体制。1969年，美国成立环境质量委员会，负责向总统提供关于环境保护、治理公害的建议；1970年又成立了直属联邦政府的控制污染执行机构的“环境保护局”。1990年新上任的环保局长赖利责成环保科技顾问理事会，评估各项公害对民生及生态环境的危害程度。环保科技顾问理事会经过一年的研究，作出《污染危害程度的分析》报告。该报告指出，危害国民健康的污染主要有空气污染、有毒化学物的暴露、室内污染（被动吸烟、溶剂、杀虫剂、甲醛）、饮水污染（水内含铅、三氯甲烷、致病微生物等）；影响生态平衡的环保问题主要有动植物栖息地被破坏、生物灭绝、品种减少、臭氧枯竭、地球气候变暖；对生态及国民健康危害较轻的公害是农用杀虫剂及除草剂，地表水被污染及空气中的毒性浮尘；对生态及国民健康危险较小的公害是石油外泄、地下水污染、辐射性污染、酸雨、热污染。报告指出，为了解决这些环境问题，美国必须建立统一的环境保护体制。

日本于1971年将分散在各省的公害防治和环境保护的职能工作集中在一起，正式成立由首相直接领导的“国家环境厅”，作为统一管理环境的权力机构，并在各地方和基层企业建立相应的专门机构。国家环境厅通过每年发表的《环境白皮书》，指导全国的环保工作并为世界环境问题出谋划策。

英国于1970年成立环境部和关于环境污染的皇家委员会。其中关于环境污染的皇家委员会成员以个人身份参加，每届任期至少3年。这个委员会权力包括调阅文件，参观现场设施，等等。他们提出的报告，通常能够对国家政策的制定产生影响。比较著名的例子有，1983年他们提出了关于铅的报告后，导致政府出台政策降低汽油中的含铅量，从而促使无铅汽油得到推广。

德国政府于1970年设立环境问题内阁委员会，负责处理全国有关环境的问题。1971年法国成立自然与环境保护部，后又于1991年法国成立了环境与能源控制署、环境研究所、工业环境与事故研究所，逐步加强了自然与环境保护部的职权，增加了国家干预环境问题的力度。印度在20世纪70年代初期成立了一个起咨询作用的环境委员会。后来苏联也建立了全国性的环境保护机构——“环境保护和合理利用自然资源委员会”。由于建立了集中、统一的防治体制，各国环境保护部门明确了自己的职责和工作范围，避免了之前各自为政，推诿扯皮的现象，有力地促进了公害的防治工作。

知识点

**热污染**

热污染是指现代工业生产和生活中排放的废热所造成的环境污染。热污染可以污染大气和水体。火力发电厂、核电站和钢铁厂的冷却系统排出的热水，以及石油、化工、造纸等工厂排出的生产性废水中均含有大量废热。这些废热排入地面水体之后，能使水温升高。

热污染首当其冲的受害者是水生物，由于水温升高使水中溶解氧减少，水体处于缺氧状态，同时又使水生生物代谢率增高而需要更多的氧，造成一些水生生物在热效力作用下发育受阻或死亡，从而影响环境和生态平衡。此外，河水水温上升给一些致病微生物造成一个人工温床，使它们得以滋生、泛滥，引起疾病流行，危害人类健康。

## 延伸阅读

### 地下水污染的原因及危害

地下水污染主要指人类活动引起地下水化学成分、物理性质和生物学特性发生改变而使水质质量下降。地下水一旦受到污染，即使彻底消除其污染源，也得十几年，甚至几十年才能使水质复原。

地下水污染的原因主要有：工业废水向地下直接排放，受污染的地表水侵入到地下含水层中而使地下水受到污染，此外，人畜粪便或因过量使用农药使水受到污染，受污染的水渗入地下，进而使地下水受到污染等。污染的结果是使地下水中的有害成分如酚、铬、汞、砷、放射性物质、细菌、有机物等的含量增高，这样的受污染的地下水对人体健康和工农业生产均有危害。

## 制定行之有效的环保法规

在防治公害中，既要治理污染，又要防止或者避免产生新的污染。因此，环保工作要纳入国民经济计划，凡是涉及重大项目的选址、设计、布局等工作，都要充分考虑环保因素；在生产过程中注意采用新能源、新技术和新的设备，提高劳动效率，减少或者避免产生污染。同时要运用法律的手段，加强宣传和惩治违法的力度，争取做到有法可依，违法必究。

第二次世界大战后，世界各国都出台了一系列防治公害的法律和法令。1969 年，美国国会出台了《国家环境政策法》，后来又出台了《大气净化法》、《水质改善法》、《资源回收法》、《住房、城镇发展法》等一系列法律法规。而自从 1983 年以来，全美已有 30 个州先后制定了垃圾处理及回收废物的法律，规定对废旧物品的回收利用实行各种优惠政策。1989 年，美国加利福尼亚州颁布法律要求所属各市县广泛回收垃圾中的有用资源，强行规定 5 年内减少垃圾 25%，直到 2000 年减少垃圾 50%。美国于 1990 年修改了 1985 年制定的《农业法》，规定在地下水污染严重的地区，要少用化肥；并且限制使用农药；还制定了全国统一的有机农业的标准和标志。美国还制定了对破坏生态者实行经济的、行政的甚至刑事的制裁与惩罚的法律。华尔街大金融家琼斯在马里兰东海岸的一个私人猎场用沙子等材料填埋沼泽地准备进行开发，结果受到100万美元的罚款并被禁止开发沼泽地。

1967年，日本制定了《公害对策基本法》；1970年，日本国会通过了14个有关保护环境的法律，1971年又通过了《环境保护法》、《整顿公害防治体制》等6项条例，形成了防治公害的法律体系。从1971年9月24日起实施的《废弃物处理和清扫法》规定，对于违法者可分别处以1年、6个月、3个月以下的惩役或50万、30万、20万、10万日元以下的罚款。如将可燃与不可燃的垃圾不按规定分类存放，均处以罚款。2000年，日本制定了《绿色采购法》；两年后又实施了《汽车循环法》。

欧共体为处理欧洲共同性的污染问题，也制定了许多有关的法律规定。1991年，欧共体出台了有关污水的指令，强力推广污水收集与净化系统。2009年，英国新环保法律开始生效，新环保法鼓励司机使用更加环保的燃油，规定市场中出售的石油和柴油必须含有至少2.5%的生物燃料。英国在大气污染方面，先后公布了《清洁空气法》、《制碱等工厂法》、《公共卫生法》、《放射性物质法》、《汽车使用条例》；在水质污染方面，颁布了《河流防污法》、《垃圾法》、《公民舒适法》、《有毒废物倾倒法》、《城乡规划法》、《新城法》、《乡村法》等等；在固体废物方面，制定了《垃圾的收集和处理规则》、《危险垃圾的处理规则》2项法规。

德国从1957年以来制定了《水法》、《有害物质排放法》、《原子能法》、《区域规划法》、《建筑用地法》、《城乡革新法》、《植物保护法》、《废油法》、《狩猎法》、《森林管理法》、《采矿法》、《保护自然和保护风景法》、《废物处置法》等。东西德统一后，制定了适用于整个德国的农业与环境的《新联邦法》。1990年，德国制定了有关食品和饮料的塑料包装法规，限制了塑料包装的品种范围，推广使用可多次循环的包装，减少使用一次性包装。2005年，德国制定通过了《电子电气法》。该法详尽地规范了废旧产品处理过程各方的权利和义务，对废旧电子电气产品的处理作出了明确的规定。

法国同环境有关的法令主要有：1960年的国立公园法令、1961年的防治大气污染法令、1964年的防治水污染的法令，1970年制定了《环境保护初步规划》和“百项措施”，1992年颁布《新水法》。

法国为降低工业污染，规定大型工业和民用供热锅炉的二氧化碳的排放标准，企业必须装备防污染系统；扩大大气污染附加税征收范围；为减少汽车废气污染，政府将无铅汽油的税额减少了0.41法郎。1990年春，环境部长明确指出了农业污染水源的责任，强调“谁污染谁付钱”的原则，将纳税额同其对环境的损害程度挂钩。为此，一些环保机构同农民一起制定反扩散性污染计划。1989年初，法国环境部长提出了“减少、处理、开发循环利用垃圾”的10年规划，目标期间将关闭或改造所有传统垃圾场，实现全部垃圾的无公害处理与价值化。

瑞典于1985年明确规定了农药使用量标准，要求在1990年前减少50%，同时要求在1995年之前将氮肥使用量减少50%。

荷兰于1984年公布法令，禁止开设新的畜牧场，检查和控制增设畜产设施；禁止在冬季施撒用家畜排泄物制作的肥料；建立将家畜排泄物贮藏6个月的设施；规定每公顷土地的化肥施用量，氮素成分为125~250千克。1992年荷兰政府加大执法力度，取得了良好的效果。

丹麦于1987年规定，每公顷土地家畜排泄物施用为氮成分200千克，家畜排泄物要在贮藏设施内发酵9个月；耕地的65%全年都要作为绿地；以1992年为基础，氮肥使用要减少50%，磷肥使用减少80%；农药投放量1992年削减25%，1997年之前再削减25%。如今，丹麦环境保护取得了很大的成绩，成为公认的绿色国家。

苏联在20世纪50、60年代由各加盟共和国先后制定了《自然保护法》、《鱼类保护法》、《公众卫生保护原则》等，1980年公布了《苏联保护大气法》。1990年8月莫斯科市实行新的污染罚款法。

在以上法律和法令的基础上，各国政府还根据本国的实际情况，制定了有关大气、水质污染的环境标准，制定了工厂废气、汽车废气、工厂污水的限制法和排放标准，明确规定了国家、地方、企业居民在环境保护方面的职责、权利和义务，规定了环境污染的制造者应该负担的责任，使各类防治公害的工作做到有法可依，环保工作也得到了良性发展的道路。

## 知识点

### 有机农业

有机农业是指在生产中完全或基本不用人工合成的肥料、农药、生长调节剂和畜禽饲料添加剂，遵循自然规律和生态学原理，采用一系列可持续发展的农业技术以维持持续稳定的农业生产体系的一种农业生产方式。由于有机农业不用或少用农药和化肥，可以减轻对环境的污染，并有利于恢复生态平衡。

## 延伸阅读

### 我国水污染防治的一般规定

禁止向水体排放油类、酸液、碱液或者剧毒废液。禁止在水体清洗装贮过油类或者有毒污染物的车辆和容器。

禁止向水体排放、倾倒放射性固体废物或者含有高放射性和中放射性物质的废水。

向水体排放含低放射性物质的废水，应当符合国家有关放射性污染防治的规定和标准。

向水体排放含热废水，应当采取措施，保证水体的水温符合水环境质量标准。

含病原体的污水应当经过消毒处理；符合国家有关标准后，方可排放。

禁止向水体排放、倾倒工业废渣、城镇垃圾和其他废弃物。

禁止将含有汞、镉、砷、铬、铅、氰化物、黄磷等的可溶性剧毒废渣向水体排放、倾倒或者直接埋入地下。

存放可溶性剧毒废渣的场所，应当采取防水、防渗漏、防流失的措施。

禁止在江河、湖泊、运河、渠道、水库最高水位线以下的滩地和岸坡堆放、存贮固体废弃物和其他污染物。

禁止利用渗井、渗坑、裂隙和溶洞排放、倾倒含有毒污染物的废水、含病原体的污水和其他废弃物。

禁止利用无防渗漏措施的沟渠、坑塘等输送或者存贮含有毒污染物的废水、含病原体的污水和其他废弃物。

多层地下水的含水层水质差异大的，应当分层开采；对已受污染的潜水和承压水，不得混合开采。

兴建地下工程设施或者进行地下勘探、采矿等活动，应当采取防护性措施，防止地下水污染。

人工回灌补给地下水，不得恶化地下水质。

## 将环保工作纳入市场经济轨道

几十年来，联合国国民核算体系把经济活动的常规测算作为福利指标，因此，许多国家公用事业和环保工作不计成本，给经济发展带来沉重的负担。随着地球环境污染的日益严重，这个核算体系日益暴露出其局限性，它不能精确地反映环境恶化和自然资源消耗的状况。将环保工作纳入市场经济的轨道是必要的。

经济学家们为此正在探索环境保护的核算体系，将环保工作纳入市场经济的轨道。他们把推行环境保护措施的成本与可预防的环境污染带来的损失结合起来，用经济手段管理环境保护工作。这项工作在挪威和法国开始，后来逐渐推广到其他不少国家。在这些国家中，对自然资源和环境的核算，其目的都是针对和解决其国民核算体系框架中的不同问题。

前苏联国家计委、建委和科学院曾通过联合决定，实行《计算采用环境保护措施的经济效益和估计自然环境污染给国民经济带来经济损失的暂行示范方法》。经过计算，在“十五”计划期间，如果直流供水6.1万立方米的水，在排水时使水的净化达到规定的标准，大约需要110亿卢布。但是，由于采用工业回收供水系统，实际仅花费40亿卢布，即节约基本投资70亿卢布。又如，由于收集有害的排出物，净化大气，减少经济损失60亿卢布。

目前，为了改变自然资源使用过程中的种种扭曲，不少国家采取了以市场为导向分配自然资源的办法。例如，美国加利福尼亚州有个“水银行”。该银行把从农场主那里买来的水卖给城市地区，农场主赚取了中间的差价，而城市则付出了比其他供水来源低很多的费用便得到供水。这种供水方式因其以市场为基础重新分配资源，兼顾各方利益，也避免了浪费水资源，因而获得各方支持。

值得注意的是，各国各地区为了将环保工作纳入市场经济轨道，正在扩大私人部门的作用。1985 年中国的澳门的饮用水公用事业私营化后，迅速扭亏为盈，损耗获得大幅度下降。圣地亚哥饮用水公用事业单位同私营部门签订了看表收费、管道维修、开列账单以及租借车辆的合同，结果，该公司职工生产率比其他公司高出 3 ~6 倍。

保护地球，保护环境，已经成为国际社会的共识。随着人类环保意识的增强，绿色产品倍受欢迎，环保技术日新月异，环保产业已成为各国经济发展的重要部门。一切有作为的科学家和有远见的企业家已纷纷行动起来，在实现自己的人生价值的同时，也为环境保护作出了自己的贡献。

法国中部的阿拉德公司造纸厂很长时间内一直都将污水排入罗瓦河。后来，它与专门净化食水和处理工业废水的保利满有限公司合作，建造污水处理厂专门处理自家工厂排放的废水。现在，造纸厂附近水质大有改善，可以供人们垂钓了。该公司的技术部主任瑞内·拉尚伯尔说：“这家污水处理厂并没有为我们带来更多利润，但是至少挽救了一条河。”

实际上，保护环境能够增加企业的竞争力，节省开支。对于企业来说，通过制造环境污染的方式来发展已经成为历史。公司必须走环境保护之路，才能获得更好更长久的发展。据瑞士国际管理发展研究所 1990 年对 100 名企业主管人员进行的调查，其中有 79 名说他们已大量投资发展各种可进行生物分解或易于再循环的新产品。基金管理者在投资策略时，越来越多地考虑公司在环保方面的表现。据调查，自 1973 年以来“绿色股”（经营废料处理业务的公司发行的股票）价格在伦敦股票市场的增幅，比全部股票的平均增幅高 70%。

在这种情况下，不少大公司也加入了环保行列。如全球饮料巨头可口可乐、百事可乐公司在全世界推行可以再循环使用饮料瓶子。餐饮巨头麦当劳、肯德基快餐店改用可以再循环的纸来包汉堡包。甚至，环保对企业的影响还不仅限于此，一些曾经的“环境污染大户”，例如德国的赫施、拜耳、亨克尔、巴斯夫等化学工业大公司，现在也成了欧洲最“绿色”的企业。它们共投资了20多亿马克推行环境保护，发展环保企业。

现代化的污水处理厂

1988年，意大利的蒙特卡蒂尼—爱迪生化学公司历经10年，耗费巨资，发明聚丙烯纤维网，可用它代替石棉，这种新型材料不仅性能和石棉相似，而且无毒副作用。意大利商人以前不大注意环保问题，但现在他们都在投资研究清洁技术。

企业家所以关心环保，还和环保产品深受消费者欢迎分不开。1990年进行的调查表明，67%的荷兰人、82%的联邦德国人、50%的英国人在超级市场购物时，会优先考虑环保产品。这促使企业家环保意识增强，推动环保产品日用化，向日常生活中的衣、食、住、行等方面渗透发展。

目前，欧、美、日等发达国家已着手开发环保汽车，减少汽车对能源的耗费和对环境的污染。德国研发成功的绿色汽车，车体可以做到全部回收并再造。而一些美、日企业则生产了汽油添加剂和除污省油的装置应用于汽车生产。此外，环保意识也已融入其他行业，出现了“绿色”化妆、“绿色”旅游等新潮流。尤其是过去一味在包装上强调高级的化妆品已逐步失宠，顾客日益欢迎能带来自然美的高技术、重环保、无添加剂的新型化妆品，而不是和过去一样只知道盲目追求高级的包装。

随着环保企业、产业的兴起，一批生态企业家应运而生。英国“绿党”的两位积极分子创立了环境调查公司，专门面向企业展开调查，使其更为符合环保的要求。类似这样的环保顾问，在英国的环境技术领域有各类企业1.7万余家，就业人数40多万人。企业在这些咨询公司和环保顾问的帮助下，减少或消除了企业生产对环境的污染，也提高了其产品的竞争力。而这只是环保给企业带来的变化之一，从长远来看，环保还可以给企业带来更多的利益。

环保技术的兴起将引发一场工业革命。环保产业的发展将导致世界经济结构的重大调整，它可以使一些高耗能不够环保的企业被逐步淘汰或者革新生产技术，而以环保产品为中心的市场将形成数万亿美元的需求。据说，目前这种需求已达3000亿美元。随着人类对新的“绿色”设备和“绿色”服务需求的增加，环保产业方兴未艾，犹如巨大的浪潮冲击着人类所有的经济活动和日常生活。

知识点

### 绿党

绿党是提出保护环境的非政府组织发展而来的政党。绿党提出“生态优先”、非暴力、基层民主、反核原则等政治主张，积极参政议政，开展环境保护活动，对全球的环境保护运动具有积极的推动作用。世界多数国家都有绿党。

为了生态平衡，保护环境，绿党提出“不进行不考虑未来的投资”，主张将危害生态、消耗能源的行业取缔。强调保护生态系统的平衡高于一般经济增长的需要，主张以“生态经济”、“生态财政”代替“市场经济”、“市场财政”。

延伸阅读

### 绿色产品与绿色标志

绿色产品就是在其生命周期的全过程中，符合环境保护要求，对生态环境无害或危害极少，资源利用率高、能源消耗低的产品。“绿色”是一个相对的概念，没有一个严格的标准和范围界定，它的标准可以由社会习惯形成，社会团体制定或法律规定。但按国际惯例的话，只有授予绿色标志的产品才算是正式的绿色产品。

绿色标志也称为环境标志，是对产品的环境性能的一种带有公证性质的鉴定，是对产品的全面的环境质量的肯定。对企业而言，绿色标志可以说是产品的绿色身份证，是企业获得政府支持，获得消费者信任，顺利开展绿色营销的主要保证。德国是最早使用绿色标志的国家。我国于1993年5月实行绿色标志认证制度。

## 循环经济是怎么回事

### 循环经济的内涵

循环经济存在广义和狭义两种界定：在广义上，是指围绕资源高效利用和环境友好所进行的社会生产和再生产活动；在狭义上，是指通过废物的再利用、再循环等社会生产和再生产活动来发展经济，相当于“垃圾经济”、“废物经济”范畴。几种具有代表意义的界定有：

（1）循环经济是一种善待地球的经济发展新模式。它要求把经济活动组织成为“自然资源—产品和用品—再生资源”的反馈式流程，所有的原料和能源都能在这个不断进行的经济循环中得到最合理的利用，从而使经济活动对自然环境的影响控制在尽可能小的程度；

（2）循环经济是依据资源—生产/消费—再生资源的物质代谢循环模式而建立的一种既具有自身内部的物质循环反馈机制，又能合理融入生态大系统物质循环过程中的经济发展体系形态。

（3）循环经济是一种以资源的高效利用和循环利用为核心，以“减量化、再利用、资源化”为原则，以低消耗、低排放、高效率为基本特征，符合可持续发展理念的经济增长模式，是对“大量生产、大量消费、大量废弃”的传统增长模式的根本变革。

## 循环经济的界定

循环经济是对社会生产和再生产活动中的资源流动方式实施了“减量化、再利用、再循环和无害化”管理调控的，具有较高生态效率的新的经济发展模式。具体讲，就是根据“减量化、再利用、再循环和无害化”原则，以物质流管理方法为基础，依靠科学技术、政策手段和市场机制调控生产和消费活动过程中的资源能源流动方式和效率，将“资源—产品—废物”这一传统的线性物质流动方式改造为“资源—产品—再生资源”的物质循环模式，充分提高生产和再生产活动的生态效率，以最少的资源能源消耗，取得最大的经济产出和最低的污染排放，实现经济、环境和社会效益的统一，形成可持续的生产和消费模式，建成资源节约型和环境友好型社会。

无论哪种界定，几乎都认可“资源—产品—再生资源”的物质流动模式是未来经济社会的特征。也就是说，循环经济是一种以资源循环利用为特征的经济形态。与目前“高投入、高消耗、高排放、低产出”的现行形态比较，循环经济具有“低投入、低消耗、低排放、高产出”的特点，即所谓的“三低一高”。

然而，判断循环经济是否是一种新的经济形态，不能简单地从所谓的“三低一高”特征进行判断，而要看伴随着循环经济的出现是否诞生或者发展了一种新的生产模式。过去，传统工业经济形态的背后是诞生和发展了“大机器生产”模式，在技术模式上是以石油和电力为特征的主导技术群。目前，世界范围内已经逐渐出现了以“环保技术、可分解和可循环技术”为特征的技术模式（Arnulf Grubler，1998），同时，以出售服务来替代传统出售产品的新型消费模式也开始出现。因此，基本可以认为循环经济是一种新型的经济形态，代表着一种新的发展模式，是对传统“大规模生产、大规模消费”工业经济发展模式的替代，是符合可持续发展理念的经济增长模式。

## 循环经济的特征

循环经济是人类社会特定历史发展阶段的产物，是后工业化阶段经济社会的常态。概括而言，循环经济具有三个特征：

（1）是人类社会特定历史发展阶段的产物。循环经济是作为传统“大规模生产、大规模消费、大规模废弃”经济发展模式对立物出现的，尝试建立以“资源—产品—再生资源”为特征的替代经济发展与运行模式，启动了向未来稳态经济社会的步伐。

（2）是经济发展所遭遇的资源约束和生态约束环节变迁的产物。经济发展过程中，资源和环境的约束是始终存在的。然而，近代以来工业生产方式的崛起和大规模工业体系的建立使得约束发生的主要环节和性质发生了根本性的变化，即由产能、运能等环节的约束逐渐转变成为资源存量和储量上的约束，甚至是生态系统失衡上的终极约束。正是约束环节的变迁导致了现代意义上循环经济的诞生和兴起。

（3）是以往环境与发展成就的综合体。从浓度控制到总量控制，从只关注污染物到关注废物，从单纯的环保对策到综合政策，从末端治理到清洁生产再到消费端和需求端本身，从专门化组织到全民参与。所有这些实际上都表达着一种信息，即我们必须以一种整体、系统和积分式的发展视角来对待环境和发展问题。循环经济正是提供了这种视角和载体。

## 发达国家的循环经济

目前，发达国家普遍重视和采取循环经济举措，致力于向循环经济形态演进，其中德国和日本是先行者。应该说，发达国家所逐渐表现出的循环经济形态是过去生态扩张和当前循环经济努力的综合作用结果，其中当前的努力包括国际间大范围的产业转移、生产环节的清洁生产和消费末端的废物循环等。

德国于1996年施行《物质闭路循环与废物管理法》，这一法令被认为是德国发展循环经济的重要标志，真正将废弃物的处理提高到循环经济的高度上。在能源和二氧化碳减排方面，在兼顾环保与能源安全供应的前提下，德国政府先后出台了如《可再生能源法》、《生物能源法规》、“10万个太阳能屋顶计划”等一系列有关环保和节能的法规与计划。为了密切配合法律的实施，德国政府还制定了《可再生能源市场化促进方案》、《家庭使用可再生能源补贴计划》等多项细则，力争使可再生能源成为民众使用的主要能源。为了降低建筑能耗，2002年2月生效的德国《节约能源法》制定了新建建筑的能耗新标准，规范了锅炉等供暖设备的节能技术指标和建筑材料的保暖性能等。

日本将2000年命名为“循环型社会建设元年”，该年日本国会通过了有关促进形成循环型社会的6项法案，形成了包含3个层面的法律法规体系，是迄今为止世界上最成系统的循环经济法规体系。

法国、比利时、奥地利和美国等尽管没有颁布以循环经济或循环型社会命名的法规，但都在相关法规中程度不同地引入循环经济的思想和原则。立法先行，凭借法律来促进和规范资源利用率的提高和循环型社会的形成成为发达国家的共识和群体行动。因此，立法体系要完整、法规政策要相互配套、执法监督机制健全有效成为循环经济健康发展的保障，也是我国循环经济立法所应该借鉴和思考的。

我国与这些发达国家社会发展阶段不同，基本国情存在较大差异，经济增长时期所处的国际环境不同，我们既要借鉴发达国家应对消费端废物压力举措的经验，也要看到发展循环经济历史条件和路径选择的差异，这是我国实现后发优势与和平崛起的前提。

# 环境保护的策略有哪些

HUANJING BAOHU DE CELUE YOU NAXIE

面对日益严重的迫在眉睫的一系列环境问题，我们再也不能视若无睹，任其恣意发展了。我们要采取行之有效的手段进行积极的防治，对于已经出现的问题，要汇集各方力量，妥善加以解决，把不良后果减小到最低程度，而对于还未出现但有可能出现或处于萌芽状态的环境问题，要做到未雨绸缪，提前做好防范。可以看到，在世界上大多数国家的共同努力下，有些环境问题已经得到初步的有效解决，但是这还远远不够。环境保护问题是一个复杂的问题，任重而道远，需要做的工作很多很多。

## 要积极防治环境的污染

环境污染的防治是一个巨大的系统工程，需要个人、集体、国家乃至全球各国的共同努力，相互配合。在防治过程中，还要讲究方式方法，针对不同的环境问题，采取不同的防治对策，做到有的放矢，具有针对性，这样才能起到一定的效果。另外，还要具备前瞻性的眼光，做到未雨绸缪，防患于未然。这样，问题才能得到很好的解决。

## 大气污染的防治

在大气污染的防治中，可考虑采取如下几方面措施：

（1）减少污染物排放

从根本上改革能源结构，淘汰落后的容易产生污染的能源，多采用环保清洁的能源，如太阳能、风能、水力发电等。

地热能是当今世界发展较快的清洁能源之一，而且地热资源丰富，利用方便，用地热蒸汽发电排放到大气中的二氧化碳量远低于燃气、燃油、燃煤电厂。只要合理利用，尽量减少地热电站排放的其他有害气体，含盐废水、噪声以及因其而造成的地面沉降（虽不严重）等，它仍是一种环保清洁的能源。

（2）消除燃料中硫的污染

工厂排放的浓烟

工厂排放的烟、尘是大气污染最重要的来源。因此，防止大气污染的重点是消除工厂的烟尘。所以可以考虑从改进工厂的锅炉结构和落后的烧煤方法，使燃料能够充分的燃烧，以达到消除黑烟的目的。

燃料中的硫对大气造成的污染很严重，常用的方法有两种：

①对燃料进行预处理，如烧煤前先进行脱硫。

②在污染物未进入大气之前，运用各种先进技术进行拦截、吸收或者回收处理，可减少进入大气的污染物数量。

（3）控制汽车排气和生产无公害汽车

1972 年美国已有约 85% 的汽车装上了净化装置。1975 年西方国家铂产量的 1/10 已用于美国汽车排气控制系统。美国将大量生产镍锌电池作能源的汽车，这样可以减少有害气体的排放。其他国家也在使用各种新技术以节能减排，如研发电动车等。

（4）绿化造林

绿化造林是防治大气污染较为经济而有效的措施，植物不仅能够吸收或者过滤各种有害的气体、减小噪声、制造氧气，而且还能防止水土流失，预防风沙、干旱、洪涝等自然灾害。

能够净化空气的绿色植物

绿色植物在进行光合作用时，在可见光的照射下，将二氧化碳和水转化为有机物，并释放出氧气。根据统计，一亩树林一年可以吸收灰尘2万~6万千克，每天能吸收67千克二氧化碳，释放出48千克氧气；一个月可以吸收有毒气体二氧化硫4千克，一亩松柏林两昼夜能分泌2千克杀菌素，可杀死肺结核、伤寒、白喉、痢疾等病菌。绿色植物还能吸附烟尘中的碳、硫化物等有害微粒，病菌、病毒等有害物质，还可以大量减少和降低空气中的尘埃，一公顷草坪每年可吸收烟尘30吨以上。

总之，绿色植物具有制造氧气、吸收有害气体、阻留粉尘、杀灭病菌的功能，对改善地球环境有良好的促进作用。所以，植树造林是一种比较经济适用的防治大气污染的方法。

## 知识点

**脱　硫**

脱硫一般分为烟气脱硫和橡胶专业的脱硫。烟气脱硫是指除去烟气中的硫及化合物的过程，主要指去除烟气中的一氧化硫（SO）、二氧化硫（$SO_2$）。橡胶专业的脱硫是指采用不同加热方式并应用相应设备使废胶粉在再生剂参与下与硫键断裂获得具有类似生胶性能的化学物理降解过程。

## 延伸阅读

**森林的杀菌作用**

森林有杀菌净化空气的作用，它能分泌杀菌素，如萜烯、酒精、有机酸、醚、醛、酮等。这些物质能杀死细菌、真菌和原生动物，使森林中空气含菌量大大减少。森林中许多树木能挥发不同的杀菌素，一公顷的榉、桧、杨、槐等树木，一昼夜能分泌30千克杀菌素，能将一个小城市的细菌控制在一定标准之下。一公顷的柳杉树每年吸收的二氧化硫可达720千克。另外，松林可释放出一定量的臭氧。适度的臭氧会使人感到轻松愉快，对肺病有一定的治疗作用。“森林浴”既有利于健康又时尚，有许多疗养医院建在松树分布较多的地区。

### 水资源污染和短缺的防治

水是生命之源。但它不是取之不尽、用之不竭的，世界上一直存在水资源短缺的问题，我们要做到防治结合，既要治理，回用废水，尽量避免产生污染和浪费水的现象。

（1）建立节水型社会

维护水资源的安全，可以采取各种行之有效的水资源保护和利用措施，建立节水型社会，合理利用水资源，缓解水资源的供求矛盾。若无视这点，水资源的安全程度就会遭到威胁。

以色列因为缺水，实行了管道调水工程，水价高到14美元/立方米，折合人民币116元/立方米，约是我国水价的28倍。因此，以色列为了缓解用水紧张的局面，采取军事手段从阿拉伯国家那里夺取水源。20世纪60年代以色列实施国家引水工程，损害了阿拉伯国家的利益，导致后者实施河水改道工程，最后酿成双方之间的大冲突。此外，叙利亚、伊拉克同土耳其之间争夺水资源的斗争也十分激烈。这些例子屡见不鲜。

中国是一个干旱缺水严重的国家。淡水资源总量为28000亿立方米，占全球水资源的6%，仅次于巴西、俄罗斯和加拿大，居世界第四位，但人均只有2200立方米，仅为世界平均水平的1/4、美国的1/5，在世界上名列121位，是全球13个人均水资源最贫乏的国家之一。扣除难以利用的洪水泾流和散布在偏远地区的地下水资源后，中国现实可利用的淡水资源量则更少，仅为11000亿立方米左右，人均可利用水资源量约为900立方米，并且其分布极不均衡。到20世纪末，全国600多座城市中，已有400多个城市存在供水不足问题，其中比较严重的缺水城市达110个，全国城市缺水总量为60亿立方米。

因此，我国的缺水问题已经到了一个不容乐观的地步，必须要进行一场节水革命。具体来说，有建设节水城市、发展节水工业和节水农业，建立节水生活方式和建设节水型社会。

（2）节约每一滴水

第一，树立节水意识，狠抓节水宣传。进行节水革命就必须从树立节水意识抓起。结合我国水资源不足的现实，通过各种宣传手段，让全国人民都知道节约用水的重要意义，把节约用水、保护水体作为一种社会公德，深入民心，让大家都为节水型社会建设做贡献。在日常生活中，必须强化节水意识和观念，坚决同一切浪费水资源的行为作斗争。

第二，重视对水资源的保护和管理。搞好水资源的保护和管理工作是进行节水革命的重要一环。为此，要改变部门地区分隔管理的现状，要强化水源的开发保护、监督和管理。水资源管理部门要制定国内河流、水库和地下

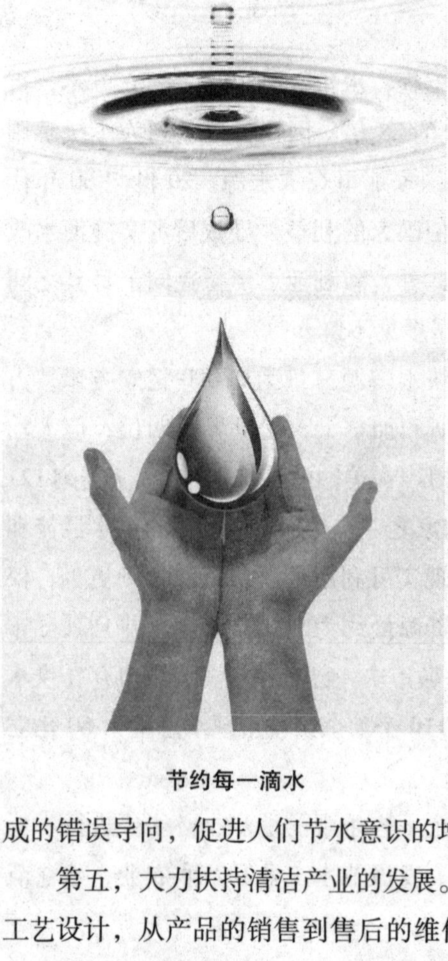

节约每一滴水

水的开采办法，落实各种保护措施，研究和出台用水规定、节水政策和节水法规。

第三，加强对节水技术的研究和开发。节水一定要狠抓研究和技术创新。近年来，德国经过研究使棉纺厂用水节省80%。在居民用水方面美国水务局对7.4万居民安装节水型水池。此外中水、雨水也在世界许多地方得到广泛使用。在农业用水方面，用滴灌、机灌代替漫灌，提高利用率，减少淡水用量，提高农作物产量。可见，从技术的角度来看，节水的研究可以大有作为。

第四，制定合理的水价政策，推动价格改革。节约用水就要充分发挥水价的经济杠杆作用，改变低水价造成的错误导向，促进人们节水意识的增强、节水科技产品的开发和推广。

第五，大力扶持清洁产业的发展。清洁产业是指从原料选择到产品设计、工艺设计，从产品的销售到售后的维修，从产品的使用到产品的废弃，都要考虑到选择适宜的原材料，尽量节约材料，减少生产的废弃物，不增加污染，促进材料的循环利用。国家可以通过征税来扶持清洁产业的发展。

第六，严格治理污水和垃圾，努力防治污染水体。为了水体污染，必须加强管理，严禁不达标污水排入江河湖海。当前全国各地垃圾对地下水的污染极其严重，必须要重视这个问题，严格治理污水和垃圾，保护水资源。

第七，开发利用污水资源，发展中水处理、污水回用技术。在城市中，部分工业生产和生活产生的污水经处理净化后，可以达到一定的水质标准，作为非饮用水使用在绿化、卫生用水等方面。

水资源的短缺和污染已成为我国可持续发展的“瓶颈”，只有建设节水型社会，才能将缺水对我国的发展带来的消极影响尽量减少。

废水中污染物多种多样，废水处理就是利用技术措施将各种污染物从废水中分离出来，或将其分解、转化为无害和稳定的物质，从而使废水得到净化的过程。

根据所采用的技术措施的作用原理和去除对象，废水处理方法可分为物理处理法、生物处理法和化学处理法三大类。

目前，各国对水污染大多采取净化处理的办法，最便宜的是滤去砂砾，除去浮渣，使其他杂质沉入淀池底，形成污泥，也就是物理处理法。废水的物理处理法是利用物理作用来进行废水处理的方法，主要用于分离去除废水中不溶性的悬浮污染物，通常采用以下三种方法：

（1）沉淀法

沉淀法在当今的废水处理中应用广泛，是一种重要的处理方法。沉淀法的基本原理是利用重力作用使废水中重于水的固体物质下沉，从而达到使之与废水分离的目的。这种工艺处理效果好，并且简单易行。

沉淀法一般需要多道工序逐渐净化水质：

①在沉砂池去除无机沙粒；

②在初次沉淀池中去除重于水的悬浮状有机物；

③在二次沉淀池去除生物处理出水中的生物污泥；

④在混凝工艺之后去除混凝形成的絮凝体；

⑤在污泥浓缩池中分离污泥中的水分，浓缩污泥。

（2）气浮法

用于分离比重与水接近或比水小，靠自重难以沉淀的细微颗粒污染物。其基本原理是在废水中通入空气，产生大量的细小气泡，并使其附着于细微颗粒污染物上，形成比重小于水的浮体，上浮至水面，从而达到使细微颗粒与废水分离的目的。

（3）离心分离法

使含有悬浮物的废水在设备中高速旋转，由于悬浮物和废水质量不同，所受的离心力的不同，从而可使悬浮物和废水分离。根据离心力的产生方式，离心分离设备可分为旋流分离器和离心机两种类型。

废水生物处理是利用微生物的生命活动过程对废水中的污染物进行转移和转化作用，从而使废水得到净化的处理方法。其主要特征是应用微生物特别是细菌，并在为充分发挥微生物的作用而专门设计的生化反应器中，将废水中的污染物转化为微生物细胞以及简单的无机物。根据采用的微生物的呼吸特性，生物处理可分为好氧生物处理和厌氧生物处理两大类。根据微生物的生长状态，废水生物处理法又可分为悬浮生长型（如活性污泥法）和附着生长型（生物膜法）。

（1）好氧生物处理法

好氧生物处理法是利用好氧微生物（包括兼性微生物）在有氧气存在的条件下进行生物代谢以降解有机物，使其稳定、无害化的处理方法。微生物利用水中存在的有机污染物为底物进行好氧代谢，经过一系列的生化反应，逐级释放能量，最终以低能位的无机物稳定下来，达到无害化的要求，以便返回自然环境或进一步处理。污水处理工程中，好氧生物处理法有活性污泥法和生物膜法两大类。

（2）厌氧生物处理法

厌氧生物处理法是利用兼性厌氧菌和专性厌氧菌将污水中大分子有机物降解为低分子化合物，进而转化为甲烷、二氧化碳的有机污水处理方法，分为酸性消化和碱性消化两个阶段。在酸性消化阶段。由产酸菌分泌的外酶作用，使大分子有机物变成简单的有机酸和醇类、醛类氨、二氧化碳等；在碱性消化阶段，酸性消化的代谢产物在甲烷细菌作用下进一步分解成甲烷、二氧化碳等构成的生物气体。这种处理方法主要用于对高浓度的有机废水和粪便污水等处理。

（3）自然生物处理法

自然生物处理法即利用在自然条件下生长、繁殖的微生物处理废水的技术。主要特征是工艺简单，建设与运行费用都较低，但净化功能易受到自然条件的制约。

与物理化学方法相比，废水生物处理技术具有一系列的特点：由于污染物的生化转化过程不需要高温高压，在温和的条件下经过酶催化即可高效并相对彻底地完成，因此，处理费用低廉；对废水水质的适用面宽；废水生物处理法不加投药剂，可以避免对水质造成二次污染。另外，生物处理效果良好，不仅去除了有机物、病原体、有毒物质，还能去除臭味，提高透明度，降低色度等。

用微生物处理废水一般采用活性污泥法、塔式生物过滤法、生物转盘法、氧化塘法等。微生物处理废水技术对通气性、酸碱度、营养物、温差等都有一定的要求。因此，采用本法时候要注意这些要求。

生物处理并不能彻底处理水中比较复杂的污染物和氮、磷，因此，还需要采取化学方法来继续净化污水。

所谓化学处理法，是利用化学反应的作用以除去污水中的杂质，从而达到改善水质，控制水污染的目的。常用的化学处理方法有中和法、混凝法、化学沉淀法、氧化还原法，等等。

（1）中和法

中和法是利用中和作用处理废水，使之净化的方法。其基本原理是，使酸性废水中的 $H^+$ 与外加 $OH^-$，或使碱性废水中的 $OH^-$ 与外加的 $H^+$ 相互作用，生成弱解离的水分子，同时生成可溶解或难溶解的其他盐类，从而消除它们的有害作用。反应服从当量定律。采用此法可以处理并回收利用酸性废水和碱性废水，可以调节酸性或碱性废水的 pH 值。

含酸废水和含碱废水是两种重要的工业废液。一般而言，酸含量大于 3% ~5%，碱含量大于 1% ~3% 的高浓度废水称为废酸液和废碱液，这类废液首先要考虑采用特殊的方法回收其中的酸和碱。酸含量小于 3% ~5% 或碱含量小于 1% ~3% 的酸性废水与碱性废水，回收价值不大，常采用中和处理方法，使其 pH 值达到排放废水的标准。

（2）混凝法

废水混凝处理法是废水化学处理法之一种。通过向废水中投加混凝剂，使其中的胶粒物质发生凝聚和絮凝而分离出来，以净化废水的方法。混凝系凝聚作用与絮凝作用的合称。前者系因投加电解质，使胶粒电动电势降低或消除，以致胶体颗粒失去稳定性，脱稳胶粒相互聚结而产生；后者系由高分子物质吸附搭桥，使胶体颗粒相互聚结而产生。处理时，向废水中加入混凝剂，消除或降低水中胶体颗粒间的相互排斥力，使水中胶体颗粒易于相互碰撞和附聚搭接而形成较大颗粒或絮凝体，进而从水中分离出来。影响混凝效果的因素有：水温、pH 值、浊度、硬度及混凝剂的投放量等。

（3）化学沉淀法

化学沉淀法是通过向废水中投加某些化学物质，使它和废水中欲去除的污染物发生直接的化学反应，生成难溶于水的沉淀物而使污染物分离除去的方法。但由于化学法普遍要加入大量的化学药剂，并成为沉淀物的形式沉淀出来。这就决定了化学法处理后会存在大量的二次污染，如大量废渣的产生，而对这些废渣的目前尚无较好的处理处置方法，所以对其在工程上的应用和以后的可持续发展都存在巨大的负面作用。

（4）氧化还原法

氧化还原法是利用溶解在废水中的有毒有害物质，在氧化还原反应中能被氧化或还原的化学性质，把这些有毒有害的物质转变为无毒无害物质的方法。一般情况下，采用氧化还原法处理废水时使用的氧化剂有臭氧、氯气、次氯酸钠等，还原剂有铁、锌、亚硫酸氢钠等。

（5）吸附法

废水处理中的吸附处理法，主要是指利用固体吸附剂的物理吸附和化学吸附性能，去除废水中多种污染物的过程，处理对象为剧毒物质和生物难降解污染物。吸附法可分为物理吸附、化学吸附和离子交换吸附三种类型。

影响吸附效果的主要因素有：①吸附剂的物理化学性质；②吸附质的物理化学性质；③废水的 pH 值；④废水的温度；⑤共存物的影响；⑥接触时间。

（6）离子交换法

离子交换法是液相中的离子和固相中离子间所进行的一种可逆性化学反应，当液相中的某些离子较为离子交换固体所喜好时，便会被离子交换固体吸附，为维持水溶液的电中性，所以离子交换固体必须释出等价离子回溶液中。此法应用于废水处理即是利用离子交换剂对物质的选择性交换能力，从而去除废水中的杂质和有害物质的方法。

城市废水的大量排放，不但是水资源的浪费，如果城市废水不经处理就排入地面水体，会使河流、湖泊受到污染。世界上不少缺水国家把城市废水资源化作为解决水资源短缺的重要对策之一。

城市废水按来源可分为生活废水、工业废水和径流废水。城市废水中90%以上是水，其余是固体物质。水中普遍含有悬浮物、病原体、需氧有机物、植物营养素等四类普遍存在的污染物外，随污染源的不同还可能含有多种无机污染物和有机污染物，如氟、砷、重金属、酚、氰、有机氯农药、多氯联苯、多环芳烃等。城市废水经处理后可以合格地用于农业、城市和工业等领域。城市废水资源化可以有效缓解水资源短缺，因而具有光明的应用前景。

随着石油化工和有机化工的发展，有机物的种类和数量不断增加，城市废水水质处理越来越复杂，需要研究开发新的废水处理生物技术。另外，随着水资源的日益紧张和人们环保意识的提高，进一步寻求能够高效除去生物难降解物质和氮磷营养物质也要求研究开发新的废水处理生物技术。

世界上许多国家围绕城市废水资源化与再生利用开展了大量的研究工作。近年来城市废水处理技术的发展方向主要有：对传统的活性污泥法流程和技术进行革新，使之更为经济合理；研究开发可以代替活性污泥法的处理流程和技术；研究开发目标为城市废水回用的处理流程和技术，由此开发了许多废水处理的新工艺，如吸附生物降解（AB）工艺，序批式间歇反应器（SBR）、膜分离活性污泥法、氧化沟工艺等。

根据城市废水处理程度和出水水质，经净化后的城市废水可以有多种回用途径。主要有农田灌溉、土地处理与利用、工业用水、市政用水、地下回灌等。

作为解决水资源短缺的重要对策之一，国内外对城市废水资源化与回用都十分重视，并取得了许多成功的经验。以下一些废水资源化的成功实例，可供我国广大缺水地区在探索、研究和推广废水资源化中借鉴和参考。

（1）美国的废水再生与回用

美国城市废水的再生与回用起步较早。目前全美回用城市废水量达$9.37 \times 10^8$ m/d，其中灌溉回用占62%，工业回用占31.6%。全美有再生水回用点500多个，其中加州有200多个。美国废水再生与回用的实例为全球的废水回用提供了很好的参考。

①加利福尼亚州橘子县21世纪水厂再生水回灌地下。该城市由于超量开采地下水，造成地下水位低于海平面，促使海水不断流向内陆，致使地下淡水退化不宜饮用。为防止地下水位下降造成海水入侵，美国加州橘子县早在1965年就开始研究将三级处理出水回灌地下，以阻止海水入侵。橘子县为此兴建了“21世纪水厂”。该厂设计能力为5678$m^3$/d。原水为城市污水二级处理出水，进一步经沉淀、过滤和活性炭处理后回灌地下水。由于回灌地下总溶解性固体的限制为500毫克/升，因此一部分再生水在回灌地下水之前还采用反渗透法进行了脱盐。“21世纪水厂”的净化水通过23座多点注入管井分别注入4个蓄水层，与深层蓄水层井水以2∶1的比例混合以阻止海水的入侵。该项工程表明：人工控制海水入侵是可行的；城市废水经深度处理后能够达到饮用水水质标准。工程经长期运行证明稳定、可靠。

②佛罗里达州圣彼得斯堡的废水再生与回用。该市是城市废水回用的先驱之一。1978年实施了双配水系统，供给用户两种质量的水（饮用水和非饮用水），再生水开始作为非饮用水使用。1991年该市向7000多户家庭及办公楼提供再生水$8\times10^4m^3$/d，并用作公园、操场、高尔夫球场灌溉用水以及空调系统冷却水和消防用水。

该市共有4座废水处理厂，总处理能力达$270\times10^3m^3$/d，采用活性污泥生物处理工艺，并附加有铝盐混凝、过滤及消毒处理，双管输水系统管道共长420千米。通过10口深井将多余的再生水注入盐水蓄水层，一年间平均约有60%的再生水注入深井。

由于使用再生水，节约了优质水，因此尽管该市人口增加了10%，但饮用水仍能满足供应。

（2）日本的废水再生与回用

日本近几十年来在废水再生和利用方面进行了大量研究和开发工程建设。1986年城市废水回用量达$6300\times10^4m^3$/d，占全部城市废水处理量的0.8%。再生水主要回用于中水道系统、工业用水、农田灌溉、河道补给水等。各种用途及其所占的比例为：中水道系统为40%、工业用水29%、农业用水15%、景观与除雪16%。中水道系统是日本污水回用的典型代表。1988年日本共建有中水道844套，其中办公楼、学校为大户：学校占18.1%、办公楼占17.3%、公共楼房占9.2%、工厂占8.4%。中水道再生水主要用于冲洗厕所（占37%）、冲洗马路（占16%）、浇灌城市绿地（占15%）、冷却水（占9%）、冲洗汽车（占7%）、其他（景观、消防等）为16%。

至1996年，日本有2100套中水设施投入使用，用水量达32.4万$m^3/d$，占全国生活用水量的0.8%。再生水中41%被用于工业用水，32%被用于环境用水，8%用于农业灌溉。

（3）我国的废水再生与回用

我国长期以来有利用生活污水用于灌溉农田的经验。先后开辟了10多个大型污水灌溉区，灌溉面积达（130～140）$\times 10^4$公顷。在我国北方干旱地区，利用污水灌溉农田，可充分利用其水肥资源发展农业生产，确实收到了一定效果。但由于一些污灌区地址选择不当，设计不合理，废水预处理不够，又缺乏水质控制标准和及时的监测，出现了土壤、农作物及地下水的严重污染，威胁着人体健康和安全。若干年前，曾开展大规模的污灌区环境质量综合评价工作，研究制定了污水灌溉与污泥用于农田的各项环境标准与规定，已将污水的农业利用引向科学的道路。

污水灌溉农田

由于我国不少地区（如北方地区）水资源紧缺，迫切需要把城市废水作为第二水源加以回收利用，实现废水资源化。为此，国家组织了有关开发城市废水资源化工艺的科技攻关，研制成套技术设施，建立示范工程，并逐步推广应用。攻关内容包括工业回用、市政景观利用的水质预处理技术、水质标准、卫生安全评价、中小城镇和住宅小区污水回用技术的研究等。一些成果已在天津纪庄子污水处理厂改造工程中应用，并在天津、太原、大连等城市建设了污水回用工程。经过几十年来的努力，我国在城市废水资源化以及回用方面取得了一定的成绩，为今后更大范围的推广应用奠定了坚实的基础。随着我国城市废水处理厂的普及与兴建，废水再生利用规模和速度亦将迅速发展。

2008 年北京奥运会标志性场馆之一的“水立方”，采用了大量专门措施，降低自来水消耗，减少废水排放。全年可收集雨水 1 万吨、洗浴废水 7 万吨、游泳池用水 6 万吨。建筑物所需的绿化、冷却塔补水、护城河补水、冲厕、冲洗地面等用水全部通过废水回用解决，每年可减少废水排放量 14 万吨。

（4）其他国家的废水再生与回用

世界上第一座将城市废水再生水直接用作饮用水源的回收厂设在纳米比亚的首都温德和克市。该回收厂将城市废水收集后经过深度的生物处理之后可作为饮用水。并且经过这样深度处理后的水质经过严格的水质监测，被证明符合世界卫生组织及美国环保局发布的标准。

以色列作为半干旱国家，再生水已成为该国的重要水资源之一。100% 的生活废水和 72% 的城市废水已经回用。废水处理后贮存于废水库。全国修建了多座废水库，其中多半属于地面废水库。废水进行农业灌溉之前一般通过稳定塘系统处理。有些城市将城市二级生物处理出水，再经物化处理后回用于工业冷却水。此外，废水经深度处理后回灌地下水，再抽出至管网系统，或并入国家水资源调配系统，输送至南部地区，或用于一般供水系统，南部地区甚至将它作为饮用水源。

由于采取了上述废水回用的措施，以色列大大提高了水资源的有效利用，从而缓和了水资源短缺对社会经济发展的制约作用。

为了解决水资源短缺的矛盾，在开源、节流这两种战略中，后者比前者所需的资金要少，并且可以在一定程度上大幅减少污水的排放量，减轻污水对环境的污染，更可切实保护水资源。因此，节流是符合可持续发展的战略方针的。

## 知识点

### 滴 灌

滴灌是利用塑料管道将水通过直径约10毫米毛管上的孔口或滴头送到作物根部进行局部灌溉的一种灌溉方式。滴灌是目前干旱缺水地区最有效的一种节水灌溉方式，水的利用率可达95%。滴灌较喷灌具有更高的节水增产效果，同时可以结合施肥，提高肥效一倍以上。可适用于果树、蔬菜、经济作物以及温室大棚灌溉，在干旱缺水的地方也可用于大田作物灌溉。其不足之处是滴头易结垢和堵塞，解决的办法是要对水源进行严格的过滤处理。

## 延伸阅读

### 节水心语

①节约用水，从点滴开始。②保护水环境，节约水资源。③水是生命的源泉、农业的命脉、工业的血液。④现在，人类渴了有水喝；将来，地球渴了会怎样？⑤创建节水型城市，实施可持续发展。⑥爱水、节水，从我做起。⑦科学用水、自觉节水。⑧建立节水型经济和节水型社会。⑨节水，重在合理用水，科学用水。⑩为了人类的生命，请珍惜每一滴水！⑪节一滴水，爱一个家。⑫用心节水，世界同享。

### 固体废物污染的防治

固体废物按来源大致可分为生活垃圾、一般工业固体废物和危险废物三种。此外，还有农业固体废物、建筑废料及弃土。固体废物如不加妥善收集、利用和处理处置将会污染大气、水体和土壤，危害人体健康。

生活垃圾是指在人们日常生活中产生的废物，包括食物残渣、纸屑、灰土、包装物、废品等。一般工业固体废物包括粉煤灰、冶炼废渣、炉渣、尾矿、工业水处理污泥、煤矸石及工业粉尘。危险废物是指易燃、易爆、腐蚀性、传染性、放射性等有毒有害废物，除固态废物外，半固态、液态危险废物在环境管理中通常也划入危险废物一类进行管理。

固体废物具有两重性，也就是说，在一定时间、地点，某些物品对用户不再有用或暂不需要而被丢弃，成为废物；但对另些用户或者在某种特定条件下，废物可能成为有用的甚至是必要的原料。固体废物污染防治正是利用这一特点，力求使固体废物减量化、资源化、无害化。对那些不可避免地产生和无法利用的固体废物需要进行处理处置。

固体废物还有来源广、种类多、数量大、成分复杂的特点。因此防治工作的重点是按废物的不同特性分类收集运输和贮存，然后进行合理利用和处理处置。

随着科学技术的发展和人们环保意识的增强，各种固体废物可以经过各种处理后变废为宝，成为宝贵的资源。不仅在很大程度上减轻了环境的负担，而且还能取得可观的经济效益和社会效益。例如，1988 年美国回收废旧物品行业的收入为48 亿美元，1989 年增加到60 亿美元。我国在过去40 年里从各种废弃物中回收的再生资源总量达 2. 5 亿吨，价值 720 亿元。过去，各国针对垃圾的处理方式基本都是露天堆放、填埋、焚烧和生物降解。据美国试验表明，燃烧 1 吨垃圾大约能发出 525 千瓦时的电，并使垃圾量减少 75% ~ 90%。因此，不少发达国家建立了许多垃圾发电厂。目前，美国约有 160 座，正在兴建或计划兴建的还有 100 多座。2000 年日本全国垃圾转换成电能的能力达到 1000 万千瓦，较之前有了极大的发展。

但是，焚烧垃圾的做法有极大的限制性，而且在焚烧过程中容易造成二次污染。因此，人们转而寻找更有效的垃圾处理方式，比方说把垃圾当作资源，尝试着进行综合利用。

当前固体废物污染中比较常见的有“白色污染”，这是人们对难降解的塑料垃圾（多指塑料袋）污染环境现象的一种形象称谓。它是指用聚苯乙烯、聚丙烯、聚氯乙烯等高分子化合物制成的各类生活塑料制品使用后被弃置成为固体废物，由于被人们随意乱丢乱扔，难于降解处理，以致造成城市环境严重污染的现象。目前我国开始从行政和技术两个方面采取措施，防治“白色污染”。

（1）行政方面监管

①加强管理。禁止使用一次性难降解的塑料包装物。杭州是我国最早禁止使用一次性泡沫快餐具的城市。通过采取上述措施，在一定范围、一定程度上减轻了“白色污染”的危害。但从实践的结果来看，单靠禁止是很难彻底解决“白色污染”问题的，上述颁布禁令的城市都要求用纸制品或可降解塑料制品代替原来的难降解的泡沫塑料制品。但是替代品在价格和品质上均无法与普通塑料制品竞争。在目前的经济情况下，仅靠行政命令，不考虑经济杠杆的调节作用，操作起来是很困难的。

②强制回收利用。清洁的废旧塑料包装物可以重复使用，或重新用于造粒、炼油、制漆、作建筑材料等。回收利用符合固体废物处理的“减量化、资源化、无害化”的通用原则。回收利用不仅可以避免“视觉污染”，而且可以解决“潜在危害”，缓解资源压力，减轻城市生活垃圾处置负荷，节约土地，并可取得一定的经济效益。

（2）技术方面革新

①采取以纸代塑。纸的主要成分是天然植物纤维素，废弃后容易被土壤中的微生物分解，因此可以解决前面所说的“潜在危害”，但也会带来新的环境问题：首先造纸需要大量的木材，而我国的森林资源并不富裕；其次造纸过程中会带来水污染。另外，在性能、成本等方面，纸制品尚不能与塑料制品抗衡。目前，我国也有以甘蔗渣、稻草为原料生产一次性餐具的做法，但尚处于试验阶段。

②采用可降解塑料。在塑料包装制品的生产过程中加入一定量的添加剂（如淀粉、改性淀粉或其他纤维素、光敏剂、生物降解剂等），使塑料包装物的稳定性下降，较容易在自然环境中降解。目前，北京地区已有19家研制或生产可降解塑料的单位。经试验可知，大多数可降解塑料在一般环境中暴露3个月后开始变薄、失重、强度下降，逐渐裂成碎片。如果这些碎片被埋在垃圾或土壤里，则降解效果不明显。使用可降解塑料有4个不足：一是多消耗粮食；二是使用可降解塑料制品仍不能完全消除“视觉污染”；三是由于

技术方面的原因，使用可降解塑料制品不能彻底解决对环境的“潜在危害”；四是可降解塑料由于含有特殊的添加剂而难以回收利用。

③从法律上进行规定。通过相关法律，从2008年6月1日开始，到超市购物将不再免费提供塑料袋，要自己单独付费，这算是希望人们减少塑料袋的使用吧。

为便于综合利用，世界各国针对固体废物都出台了一些分类建议，比如最普遍的是设置两个垃圾桶，一个标明“可回收”，一个标明“不可回收”，这样就可以简单的给垃圾归类。从而培养人们给垃圾分类的良好习惯。

在加拿大，公园及游客常到之处都放着几种浅蓝色的子弹形大胶桶，分别回收废报纸、罐头盒、玻璃瓶等。英国伦敦有多个“再循环中心”，在一些地区专设回收废报纸、破旧衣服、玻璃瓶、铁皮罐等的垃圾桶。

澳大利亚穆斯曼公园从1992年10月起，为居民设置“电子垃圾桶”。它在旁边装有电子线路系统。当清洁人员把其中的废物倒进垃圾车时，垃圾车就会发出无线信号，该系统就会“回话”，垃圾车上的电脑便能辨别“百宝箱”是谁家之物，并打出取款单送到住户手中。工厂还可以利用回收来的废物生产各种新的产品。

美国杜邦公司和北美废物处理公司建立了回收利用废塑料的联盟，在芝加哥和费城开办了垃圾管理中心，每个中心回收10万吨旧塑料瓶，再制成公园长椅和公路隔离路障之类的产品。美国勃朗宁—费里斯公司向140万个住户收集垃圾中的废旧物资，将其制成织地毯用的纤维和被褥的保暖衬里。

美国电话电报公司所属的西方电气公司，每天处理大约25卡车垃圾，从线路组件中提取黄金，从焊料中提取白银，从旧电话开关中提取锌，将碎塑料制成篱笆桩柱和花盆。美国经回收后再生产的产品琳琅满目，包括纤维制品、洗涤剂、人造木材……几乎应有尽有。

为了鼓励人们使用再生纸品，在一些产品上印着“蓝天使”环保产品的特殊标志，图案是蓝色橄榄枝环绕一个张开双臂的小人，上面还印着“这是百分之百用废纸制作的，请您用用看！”的文字。目前，德国有14种纸张、5种卫生纸、35种墙纸和36种建筑用材料被授予“蓝天使”标志。

综合利用“三废”使“废物”资源化，让许多企业不仅提高了经济效益，而且也保护了环境。许多企业综合加工，综合利用；回收加工，分类回用；厂间合作，挂钩互用；深度加工，彻底利用，使其不至于被白白浪费。

只有当人们树立起废物利用的环保意识，不再随意扔垃圾，工业生产遵循“利用—分解—储存—再利用”的规律，才能在更大程度上实现保护环境的目标。

“蓝天使”环保标志

例如，德国正从钢铁生产的酸溶液中回收有用的硫酸，从罐头工业废弃物中回收可供销售的醋，从造纸业废液中回收化学药品供再利用，从而减少现代化造纸厂排污物的90%。澳大利亚布里斯班一家公司先用磁铁把含铁的金属从垃圾中吸出来，然后按1吨普通家庭废物、1吨黏土和300升水（或污水）的比例组成混合物，经绞碎，挤压成如同玻璃弹子的小球，经过1200℃的高温烘烤、冷却，制成轻质建筑材料，将其加入水泥中，制成的水泥块比普通的轻1/3，但一样坚固，而且具有良好的声学和保温性能。美国科学家运用遗传工程技术培育细菌，把垃圾中的纤维素加工成酒精，经蒸馏纯化，就可作燃料用。日本一家研究机构利用合成沸石催化剂，从废塑料中高效率地生产燃料油，该项技术已获日本专利。日本的另一家研究机构利用酶发酵与膜分离技术，从低浓度淀粉工业废液中提取浓度为50%左右的乙醇。

值得注意的是，很多国家为了鼓励废物利用，规定对废旧物资的回收利用实行减免税收，提供信贷等优惠政策。美国加利福尼亚州于1989年9月30日颁布法律，要求回收垃圾中的有用资源，5年内要把垃圾量减少25%，20世纪末减少50%。加拿大多伦多市规定，从1991年起，该市的4家日报必须至少利用50%的再生纸，否则它们设在街道的自动零售报箱将被取缔。该市每月能回收3750吨旧报纸，每回收1吨旧报纸就能少砍伐19棵树。这意味着其仅回收旧报纸一项，每年就能少砍伐85.5万棵树。

长期以来，固体废物大多被倾倒入海，或就地填埋，这些方法给环境留下了许多隐患。现在广泛应用的除了简单的粉碎、分类等物理方法，还有化学和生物处理技术。这些新方法可以减少污染，还可以回收部分资源。

固体废物资源化处理可采用化学方法使固体废物发生化学转换从而回收物质和能源，常使用的化学处理技术有煅烧、焙烧、烧结、溶剂浸出、热分解、焚烧等。

（1）煅烧：煅烧是天然化合物或人造化合物的热离解或晶形转变过程；此时化合物受热离解为一种组分更简单的化合物或发生晶形转变。煅烧过程中发生脱水、分解和化合等物理化学变化。煅烧作业可用于直接处理矿物原料以适于后续工艺要求，也可用以化学选矿后期处理而制取化学精矿，满足用户对产品的要求。

（2）焙烧：焙烧是固体物料在高温不发生熔融的条件下进行的反应过程，可以有氧化、热解、还原、卤化等，通常用于焙烧无机化工和冶金工业。焙烧过程有加添加剂和不加添加剂两种类型。根据焙烧过程中的主要化学反应和焙烧后的物理状态，可分为烧结焙烧、磁化焙烧、氧化焙烧、中温氯化焙烧、高温氯化焙烧等。

（3）烧结：烧结是把粉状物料转变为致密体，是一个传统的工艺过程。人们很早就利用这个工艺来生产陶瓷、粉末冶金、耐火材料、超高温材料等。一般来说，粉体经过成型后，通过烧结得到的致密体是一种多晶材料，其显微结构由晶体、玻璃体和气孔组成。烧结过程直接影响显微结构中的晶粒尺寸、气孔尺寸及晶界形状和分布。无机材料的性能不仅与材料组成（化学组成与矿物组成）有关，还与材料的显微结构有密切的关系。

（4）溶剂浸出法：使固体物料中的一种或几种有用金属溶解于液体溶剂中，以便从溶液中提取有用金属。这种化学过程称为溶剂浸出法。按浸出剂的不同，浸出方法可分为水浸、酸浸、碱浸、盐浸和氰化浸等。这种方法在固体废物回收利用中应用范围很广，常见的有盐酸浸出固体废物中的铬、铜、镍、锰等金属；从煤矸石中浸出结晶三氯化铝、二氧化钛等。

（5）热分解（或热裂解）：当温度高于常温，或只有在加热升温情况下才能发生的分解反应叫热分解。通常分解反应会有气体产生，所产生气体的压力等外压时的温度叫分解温度。物质的分解温度越高，热分解越困难，热稳定性也就越好。在处理有机固体废物方面应用热分解，目前是热分解技术的新应用领域。在满足一定温度的条件下，从有机废物中可以直接回收燃料油、气等。可以通过热分解回收资源的有机废物有废塑料（含氯者除外）、废橡胶、废油等。

（6）焚烧处理：焚烧法是以一定的过剩空气量与被处理的废物在焚烧炉内进行氧化燃烧反应，使废物中的有害成分在高温下氧化、热解而被破坏。焚烧处理可使废物完全氧化成无毒害物质。焚烧技术是一种可同时实现废物无害化、减量化、资源化的处理技术。

焚烧法可处理城市垃圾、一般工业废物和有害废物，但当处理难燃的废物时，需耗费大量的燃料。所以，发热量比较小的垃圾则不适宜作焚烧处理；发热量大于5000千焦/克的垃圾属高发热量垃圾，适宜采取焚烧处理方式并回收其热能。

另外，还可以利用生物处理技术来对固体废物进行回收处理。

生物处理法可分为好氧生物处理法和厌氧生物处理法。若水中有充分溶解氧，可利用好氧微生物的活动，将固体废物中的有机物分解为二氧化碳、水、氨和硝酸盐，从而达到处理的目的，这就是好氧生物处理法。厌氧生物处理法是在缺氧的情况下，利用厌氧微生物的活动，将固体废物中的有机物分解为甲烷、二氧化碳、硫化氢、氨和水，从而达到处理的目的。生物处理法具有效率高、运行费用低等优点。

在固体废物的处理及资源化中常用的生物处理技术有：

（1）沼气发酵：沼气发酵又称为厌氧消化、厌氧发酵，是指有机物质（如人畜家禽粪便、秸秆、杂草等）在一定的水分、温度和厌氧条件下，通过各类微生物的分解代谢，最终形成甲烷和二氧化碳等可燃性混合气体（沼气）的过程。沼气是一种混合气体，主要成分是甲烷（$CH_4$）和二氧化碳（$CO_2$）。有机垃圾、人畜粪便、作物秸秆等皆可作产生沼气的原料。为了使沼气发酵持续进行，必须提供和保持沼气发酵中各种微生物所需的条件：沼气发酵需要在隔绝氧的密闭沼气池内进行。

（2）堆肥：堆肥是堆肥材料在堆肥化过程中的产物，过去农业时代制造堆肥称为粪，是有机材料经过堆积细碎成小颗粒，且性状变异而来的，堆肥的材料来自枯枝落叶、食品饲料、树皮、粪便等。这些材料经过堆肥化过程变成肥料。堆肥的过程中要注意，不然容易招致大量的蚊蝇，做不成肥料反而造成环境污染。

（3）细菌冶金：细菌冶金是湿法冶金的一种。利用某些微生物（细菌）的生物催化作用，使矿石中的金属在水溶液中溶解出来，随后从溶液中提取金属的方法。细菌冶金具有设备简单、操作方便、生产费用低、可以综合回收多种金属、少用或不用其他溶剂等特点，特别适宜处理贫矿、尾矿、废矿和炉渣等。中国是世界上最早采用细菌冶金的国家，早在北宋时期就有多处矿场使用细菌冶金技术炼铜，当时称胆水浸铜。

科学家们目前已经尝试用植物吸收和回收被污染的土壤里的金属。例如，杜邦公司过去由于化学工业的发展而使美国特拉华河湾的一片森林变为不毛之地；现在，他们正在这块土地上种植豚草，通过它清除土壤里所含的大量高浓度的铅，并且借此机会回收了土壤里的其他化学物质。这种回收方式一旦得到推广应用，地球环境一定会有较大的改观。

知识点

### 二次污染

当某些一次污染物，在自然条件的作用下，改变了原有性质，特别是那些反应性较强的物质，性质极不稳定，容易发生化学反应，而产生新的污染物，这就是二次污染。二次污染比首次污染严重，并且其形成机理复杂，防治也较为困难。如水体中无机汞化合物通过微生物作用，可转变为更有毒的甲基汞化合物，进入人体易被吸收，不易降解，排泄很慢，容易在脑中积累。大气中的二氧化硫和水蒸气可氧化为硫酸，进而生成硫酸雾，其刺激作用比二氧化硫要强上10倍。典型的二次污染实例，如美国洛杉矶发生的光化学烟雾，是由于人的生产活动和汽车行驶排入大气中的烃类及其他化合物，在阳光作用下发生光化学反应，进一步生成以臭氧为主的多种强氧化剂，从而引起更严重的大气污染。

## 延伸阅读

### 我国关于固体废物污染防治的一般规定

（1）产生固体废物的单位和个人，应当防止或者减少固体废物对环境的污染。

（2）收集、贮存、运输、利用、处置固体废物的单位和个人，必须采取防扬散、防流失、防渗漏或者其他防止污染环境的措施。不得在运输过程中沿途丢弃、遗撒固体废物。

（3）产品应当采用易回收利用、易处置或者在环境中易消纳的包装物。产品生产者、销售者、使用者应当按照国家有关规定对可以回收利用的产品包装物和容器等回收利用。

（4）国家鼓励科研、生产单位研究、生产易回收利用、易处置或者在环境中易消纳的农用薄膜。使用农用薄膜的单位和个人，应当采取回收利用等措施，防止或者减少农用薄膜对环境的污染。

（5）对收集、贮存、运输、处置固体废物的设施、设备和场所，应当加强管理和维护，保证其正常运行和使用。

（6）禁止擅自关闭、闲置或者拆除工业固体废物污染环境防治设施、场所；确有必要关闭、闲置或者拆除的，必须经所在地县级以上地方人民政府环境保护行政主管部门核准，并采取措施，防止污染环境。

（7）对造成固体废物严重污染环境的企业事业单位，限期治理。被限期治理的企业事业单位必须按期完成治理任务。限期治理由县级以上人民政府按照国务院规定的权限决定。

(8) 在国务院和国务院有关主管部门及省、自治区、直辖市人民政府划定的自然保护区、风景名胜区、生活饮用水源地和其他需要特别保护的区域内，禁止建设工业固体废物集中贮存处置设施、场所和生活垃圾填埋场。

(9) 转移固体废物出省、自治区、直辖市行政区域贮存、处置的，应当向固体废物移出地的省级人民政府环境保护行政主管部门报告，并经固体废物接受地的省级人民政府环境保护行政主管部门许可。

(10) 禁止中国境外的固体废物进境倾倒、堆放、处置。

(11) 国家禁止进口不能用作原料的固体废物；限制进口可以用作原料的固体废物。国务院环境保护行政主管部门会同国务院对外经济贸易主管部门制定、调整并公布可以用作原料进口的固体废物的目录，未列入该目录的固体废物禁止进口。确有必要进口列入前款规定目录中的固体废物用作原料的，必须经国务院环境保护行政主管部门会同国务院对外经济贸易主管部门审查许可，方可进口。具体办法，由国务院规定。

## 加强生态环境保护工作

环境保护如果只注重污染防治，而忽视生态保护，则很难从根本上改善环境质量。而若想全面、准确地判断一个地区的综合环境质量，应该从多方面入手，综合考虑。因此，科学地认识流域、区域环境污染与生态破坏间的相互关系和影响，树立大环境保护观念，坚持污染防治与生态保护统一规划、同步实施、总体推进，才能确保流域、区域环境质量的根本好转。

保护生态环境就是保护自然的再生产能力，也就是保护人类社会经济再生产的基础。生态保护的根本目标就是要在维护和提高生态环境承载力的前提下，实现环境与经济的良性循环。

### 保护生物多样性

在地球上生命进化的大部分时间里，物种的灭绝速度和形成速度大致是相等的。而由于人口的急剧增长和人类对生物资源的开发需求逐年增多，作为人类生存基础的生物多样性，无论在其生态系统上，还是在物种和遗传基因的水平上，都受到极大的损害，并且这种损害越来越严重。

从历史的经验教训中，人类终于认识到自己是不能脱离其生存的多种多样的生态环境而孤立发展的。生物多样性是人类社会赖以生存和发展的基础。人们的衣、食、住、行及物质文化生活的许多方面都与生物多样性的维持密切相关。

第一，生物多样性为我们提供了食物、纤维、木材、药材和多种工业原料。第二，生物多样性还在保持土壤肥力、保证水质以及调节气候等方面发挥了重要作用。第三，生物多样性在大气层成分、地球表面温度、地表沉积层氧化还原电位以及 pH 值等方面的调控方面发挥着重要作用。例如，现在地球大气层中的氧气含量为21%，供给人类和其他动物自由呼吸，这主要应归功于植物的光合作用。在地球早期的历史中，大气中氧气的含量要低很多。第四，生物多样性的维持，将有益于一些珍稀濒危物种的保存。物种一旦灭绝，便不可能再生。今天仍生存在地球上的物种，尤其是那些濒危物种，一旦消失了，那么人类将永远丧失这些宝贵的生物资源。而保护生物多样性，特别是保护濒危物种，对于人类后代，对科学事业都具有重大的战略意义。

（1）生物区域管理

生物区域是指具有很高的生物多样性保护价值的地区。它包括若干完整的生态系统或其片断镶嵌所构成的景观多样性。在这些区域内可建立起管理制度来协调公共和私人土地拥有者的土地利用规划，确定满足人类的需求但不会损害生物多样性的可供选择的发展方案。这一思想的成功决定能唤起各个不同利益者之间的合作。

（2）建立监测网络

根据各国生物多样性区划的情况，采用先进技术和手段，完善并形成统一的国家生物多样性监测网络，在此基础上建立生物多样性保护信息系统。通过这一系统可及时了解生物多样性动态变化并预测发展趋势，为决策者和管理者及有关人员提供可靠的信息。同时，该系统可以促进国内信息的广泛交流和使用，还可以加强与国外的信息交流。哥斯达黎加的生物多样性研究所已率先搞了这方面的工作，并取得了很大成效。这个研究所已开始对物种进行全国性综合调查，把每一物种的名字、位置、保护状况及潜在的商业用途都收录进计算机。使用此计算机目录，研究人员能够在新描述的野生植物物种中寻求可能的化学用途。例如，不受虫害或无真菌成长的植物，可能含有昆虫外避剂、成氏抑制剂或抗生素作用的天然化学品。这个发现对于农业化学制品、制药或生物技术公司来说是很有价值的。研究所的第一大客户是世界上最大的药品制造商默克公司，它有过从自然资源中开发出药物的成功历史。为了换取研究所的植物、昆虫和微生物样品，默克公司同意付给研究所100万美元以及从默克公司最终开发出的任何产品的销售中提成。默克公司和研究所都希望样品中发现的有用化学品今后能够在实验室中合成而不是从森林中获取。部分研究收入将交给哥斯达黎加国家保护区系统用来保护本地区的生物多样性。

像许多热带国家一样，哥斯达黎加缺少能鉴别物种并进行分类的科学家。生物多样性研究所采用以下方法解决这一问题：雇用当地人并把他们训练成现场采集人员和为全国生物多样性调查做些昆虫标本的初步鉴定工作。第一批共16名“候补分类学家”于1989年进入现场。在头6个月里，他们采集的昆虫的标本数量是过去100年哥斯达黎加全国收集量的4倍。这些“候补分类学家”包括从前的家庭妇女、农民、农场主、中学生以及国家公园的警卫等。标本从现场送往研究所，在那里由见习保管员进行分类。而后，请来国内专家确认其鉴定并作出初步分类。最后，请来国际专家确认鉴定并作出明确的分类学分析。

(3) 地方参与保护区管理

地方参与往往可导致政策的变革和更公平的资源分配。印度尼西亚的阿法克山自然保护区就采取了这样的管理方法。保护区共有13个村级的管理委员会，当地居民通过管理委员会参与关于界限规定和未来计划的决策。结果，保护区的每一个土地所有者都书面同意支持那些规定。事实上，土地所有者起着“卫兵”的作用，他们维护保护区的界限并控告违反规定的行为。阿法克山保护区的管理是有希望的，但说它对生物多样性有持久的保护作用则为时过早。1990年世界银行一份关于热带地区试图将生物多样性保护与地方的持续发展结合起来的18个项目的审查报告使乐观情绪降了温。该审查发现了这样几个不多的例子：从保护区项目中受益的人正是对保护区造成威胁的个人或集团。不过，在保护区的管理中让地方参与的主意对保护生物多样性还是很重要的。

为了实现保护生物多样性的目标，还需要采取许多具体行动措施，协调生物多样性保护和可持续发展。

（1）就地保护——自然保护区

就地保护是指保护生态系统和自然生境以及维持和恢复物种在其自然环境中有生存力的群体。保护区主要致力于生物多样性和其他自然和文化资源的管护，并通过法律和其他有效手段进行管理的陆地和海洋。作为实施可持续发展战略的基本单元，保护区已成为区域经济发展和维护环境质量和安全的一个不可缺少的组成部分，不应单纯从保护物种的角度来认识它，要广泛宣传这个新的思想认识和它所应履行的责任。自然保护区的主要保护对象是具有一定代表性、典型性和完整性的各种自然生态系统，野生生物物种，特殊的地质地貌、化石产地等自然遗迹。但最主要的保护对象仍是生物物种及其自然环境所构成的生态系统，即生物多样性。

长白山自然保护区一角

自然保护区是一个泛称，实际上，由于建立的目的、要求和本身所具备的条件不同，而有多种类型。按照保护的主要对象来划分，自然保护区可以分为生态系统类型保护区、生物物种保护区和自然遗迹保护区三类；按照保护区的性质来划分，自然保护区可以分为科研保护区、国家公园（即风景名胜区）、管理区和资源管理保护区四类。不管保护区的类型如何，其总体要求是以保护为主，在不影响保护的前提下，把科学研究、教育、生产和旅游等活动有机地结合起来，使它的生态、社会和经济效益都得到充分展示。

自然保护区内的野生动物

自然保护区是留给野生动物植物的宝贵栖息地，是人类为了对付自身的环境破坏而采取的一项补救措施，为的是能给野生动植物留下一块宝贵的栖息地。

（2）移地保护

移地保护是指将生物多样性的组成部分移到它们的自然环境之外进行保护。移地保护是一种紧急救援，适用于生存受到高度威胁的动植物物种。移地保护的对象往往是单一的目标物种，往往是利用植物园、动物园、移地保护基地和繁育中心等地方对珍稀濒危动植物进行保护。

植物园内的珍惜植物

我国的植物园自20世纪80年代以来发展很快，已有100多个。其中，用于科学研究的多为综合性植物园或药用植物园，用于收集树种为主的多为树木园，还有以观赏为主的观赏植物园等。我国植物园保存的各类高等植物有两万多种。至

1991 年我国已建的动物园有 41 个，加上大型公园的动物展区，共 175 个。这些动物园和展区共饲养脊椎动物 600 多种，10 万多头。

## 知识点

### 生物圈

生物圈是指地球上凡是出现并感受到生命活动影响的地区，是地表有机体包括微生物及其自下而上环境的总称，是行星地球特有的圈层。它也是人类诞生和生存的空间，是地球上最大的生态系统。

生物圈的大致范围是海平面以上约 10000 米至海平面以下 10000 米处，包括大气圈的下层，岩石圈的上层，整个土壤圈和水圈。但是，大部分生物都集中在地表以上 100 米到水下 100 米的大气圈、水圈、岩石圈、土壤圈等圈层的交界处。这里是生物圈的核心。生物圈里繁衍、活跃着各种各样的生物。

## 延伸阅读

### 《保护生物多样性公约》

《保护生物多样性公约》是国际社会所达成的有关自然保护方面的最重要公约之一。该公约于 1992 年 6 月 5 日在联合国所召开的里约热内卢世界环境与发展大会上正式通过，并于 1993 年 12 月 29 日起生效。为此，每年的 12 月 29 日被定为国际生物多样性日。现在已经有 100 多个国家加入了这个公约。《保护生物多样性公约》为世界环境保护领域中的植物、动物和微生物保护工作以及国际合作提供了法律依据和政策指南。

《保护生物多样性公约》的核心部分是 3 项政治原则：

(1) 在实施环境保护政策的同时，各国在开发并利用资源方面享有主权。(2) 相对富裕的国家在帮助相对贫穷的邻国遵循公约方面负有义务，应该提供经济和技术援助。(3) 物种资源丰富但经济状况不佳的国家可以分享以其生物资源为原料的制成品产生的利润。

《保护生物多样性公约》的目标是：

(1) 保护生物多样性及对资源的持续利用；(2) 促进公平合理地分享由自然资源而产生的利益。

《保护生物多样性公约》的主要内容是：

(1) 各缔约方应该编制有关生物多样性保护及持续利用的国家战略、计划或方案，或按此目的修改现有的战略、计划或方案。(2) 尽可能并酌情将生物多样性的保护及其持续利用纳入到各部门和跨部门的计划、方案或政策之中。(3) 酌情采取立法、行政或政策措施，让提供遗传资源用于生物技术研究的缔约方，让发展中国家切实参与有关的研究。(4) 采取一切可行措施促进并推动提供遗传资源的缔约方，让发展中国家在公平的基础上优先取得基于其提供资源的生物技术所产生的成果和收益。(5) 发达国家缔约方应提供新的额外资金，以使发展中国家缔约方能够支付因履行公约所增加的费用。(6) 发展中国家应该切实履行公约中的各项义务，采取措施保护本国的生物多样性。

## 积极进行绿化造林

树木是自动的调温器、天然除尘器、氧气制造厂、细菌的消毒站、土壤的保护伞。绿化造林对温室效应、水土流失、沙漠化等环境问题的解决都有不容忽视的作用。尤其是大面积的热带雨林，对于全球气候的调节有很大的影响。

地球表面的大气圈、水圈、生物圈的生态平衡发生了巨大变化，由此频繁产生各种灾害，严重地威胁着人类生存：水土流失严重、沙漠化面积扩大，森林和湿地面积减少，生物物种减少，各种水旱灾害频繁发生。绿化造林是其中的重要防治措施之一。

森林是地球上最大的陆地生态系统，是全球生物圈中重要的一环。它是地球上的基因库、碳贮库、蓄水库和能源库，对维系整个地球的生态平衡起着至关重要的作用，是人类赖以生存和发展的资源和环境。

树木是天然的调温器

森林不仅能够为人类提供建筑木材、造纸的纸浆、药品原料、工业原材料以及世界50%家庭的炊用燃料，而且在防风固沙、防止水土流失、调节气候、改良土壤、制造氧气等方面起着重要的作用。

森林可以调节全球气候。森林能吸入二氧化碳把它贮存下来，稳定地保持着空气中二氧化碳的含量。当森林被毁坏，地球大气中二氧化碳含量的增加将引起温室效应现象，南、北极的冰块融化致使海平面上升，淹没很多陆地。大力植树造林则可以有效地调节温度。

森林能防风固沙，保持水土。树林不断发展的根系，穿插交织着土壤，起到改良的效果。森林还能有效降低风速，抵御风沙。森林土壤还有良好的渗透性，能吸收大量的降水。

森林能保持生态平衡。通过光合作用，树木能够吸收二氧化碳，放出氧气，使空气清洁、新鲜。100 平方米树林放出的氧气可供65 人呼吸一辈子。

森林能减少噪声污染。40 米宽的林带可减弱噪声 10 ~ 15 分贝。噪声污染对人类的生活、学习、工作、休息等方面都造成了很大的消极影响，还可以使人类听力减弱、耳聋、神经错乱，心脏、血压、神经等出现异常，甚至还能让人在长期的噪声煎熬下死亡。

森林能净化空气。树木的分泌物能杀死细菌。空地每立方米空气中有三四万个细菌，森林里只有三四百个。树木还能吸收各种粉尘，100 平方米树林1 年可吸收各种粉尘 20 ~60 吨。大气中某些污染物浓度过高，而不少绿色植物具有吸收毒气的能力。总之，树木具有制造氧气、吸收有害气体、阻留粉尘、杀灭病菌的功能，有助于维护人体健康。

森林可以调节湿度，调节气候。林区的空气湿度通常要比无林区高

10%～25%。据试验，在夏季，有林地区比无林区气温约低8℃～10℃，含水量高10%～20%。

综上所述，植物具有净化空气、吸收噪声、调节气候、美化环境等功能，还能够防止水土流失、防风固沙、预防干旱洪涝灾害。所以，绿化造林是防治大气污染较为经济而有效的措施。

被砍伐的树木

森林是如此重要，以致联合国粮农组织把“森林”与“生命”定为1991年世界粮食日的主题：不是以植树本身为目标，而是要表明森林如何能帮助人类实现持续发展的目标；要强调森林有持久生产力的作用，即在为后代保存资源基础的同时，满足现在生产不断发展的需求；要提醒人们认识森林不仅能提供粮食、燃料，而且具有最根本的保护环境的价值。所以，做好对森林资源的保护工作，大力植树造林，对人类社会的发展具有十分重要的意义。

遭砍伐的热带雨林

目前森林资源的快速消失，主要是由于过度砍伐热带雨林造成的。这个问题已经引起国际社会的高度重视，保护热带雨林势在必行。保护热带雨林资源不被破坏，可考虑采取以下措施：

（1）调整国际贸易结构

目前进行商业贸易的原木和加工的木材价格几乎没有包

括木材收获的环境成本与社会成本，对资源价值估计太低往往会导致过度使用和耗尽。为了使价格能准确地反映出这些隐藏的成本，各国政府可根据热带木材产品的价值征收进出口税和采用其他财政办法。1989 年，英国木材贸易联盟和荷兰进口委员会联合提议对欧洲共同体的热带木材进行征收附加税，在进口地点征收的这种附加税的收入将汇集起来用于为促进森林的可持续管理项目提供资金。最近，有几个国际热带木材组织成员国对附加税表示有兴趣。也有人提出要签署一项热带木材商品协议，除了委托执行上述的附加税之外，还要根据使森林没有净损失的综合保护和管理规划制定木材进口限制。建立一套鉴定木材生长和可持续性收获的标记的做法，是利用市场鼓励可持续的木材管理的另一种可行的战略。

“国际热带木材组织”承担了国际热带木材贸易完全实行可持续的森林管理的任务。它号召其签约国制定持续使用和保护它们森林的国家政策，包括在木材生产国家中增加热带木材的加工工业。取消日本和欧洲共同体等主要热带木材进口国对森林加工产品实施的保护关税，可以使出口国家保留其木材更多的价值，从而可能减轻一些对保持目前收获水平的压力。

有许多专家警告说，对全球贸易结构的任何操纵都会与关税和贸易总协定发生冲突。关税和贸易总协定支配着世界贸易的 90%。根据关税和贸易总协定，目前提出的很多木材贸易限制或确保可持续生产的任何标记规划很可能行不通。一些国家的立法者和环境组织正在建议包括关税和贸易总协定在内的专门团体，合法为环境服务。

（2）减少热带木材的需求

人类开始大规模地使用热带木材，仅有几十年的历史。美国、欧洲国家和日本为了保护本国的森林资源，而分别向中南美洲、非洲、东南亚伸出了索取木材资源之手。1985 年的世界木材进口量中，日本和欧洲占 30%，美国占 20%。日本、美国和欧洲共同体是热带木材出口品的 3 个消费大户。例如，每年有 250 亿双筷子和价值 20 亿美元一次性使用的混凝土木模被弃。如果他们尽可能用重复使用的产品代替一次性使用的木材产品，这将有助于保护热带森林。

自从 1988 年以来，欧洲共同体、美国和其他木材进口国采取了限制木材进口的措施，其中有些做法具有高度的强制性。美欧等国这种单方面的抵制措施减少了对热带木材的需求，但同时也产生了其他的问题，所以一直存在争议。

有专家预测，假如地球上失去了森林，约有450万个生物物种将不复存在，陆地上90%的淡水将白白流入大海，人类面临严重水荒。森林的丧失使许多地区风速增加近一倍，因风灾而丧生的人就会上亿。所以，植树造林对于人类的生存具有十分重要的意义，我们要自觉履行植树造林的义务，为创造人类美好的家园做好绿化工作。

## 知识点

### 沙尘暴

沙尘暴是沙暴和尘暴两者兼有的总称，强风把地面大量沙尘物质吹起并卷入空中，使空气特别混浊，水平能见度极低的严重风沙天气现象，即沙尘暴。其中沙暴系指大风把大量沙粒吹入近地层所形成的挟沙风暴；尘暴则是大风把大量尘埃及其他细粒物质卷入高空所形成的风暴。沙尘暴天气多发生在内陆沙漠地区，撒哈拉沙漠是主要源地之一。我国曾经发生过数次特大沙尘暴。沙尘暴携带细沙粉尘的强风能够摧毁建筑物及公用设施，造成人畜伤亡。还会造成农田、渠道、村舍、铁路、草场等被大量流沙掩埋，对交通运输造成严重的威胁。沙尘暴所过地区，大气中的可吸入颗粒物增加，大气污染加剧。

## 延伸阅读

### 树林消除噪声污染的效果

据测定，成片林木可降低噪声5~40分贝，这要比离声源同距离的空旷地自然衰减量要多降低5～25分贝；汽车高音喇叭在穿过40米宽的草坪、灌木、乔木组成的多层次林带，噪声可以消减10～15分贝，这要比空旷地自然衰减量要多降低4分贝以上；街道上成行的树木，也可消减噪声7～10分贝。从树木消除噪声的效果来看，林带越宽、越密消除噪声的效果越好。科学研究工作者认为，最低宽6米、高10米的林带，消减噪声的效果比较明显，而且要求离声源一般在6～15米之间为好。研究还表明，以乔木为主，灌木、花草相结合，构成多层次的消声林带，消除噪声的效果会更佳。

## 保护湿地与草场

草场与湿地大都相互依存和共生，进一步增强着生态系统功能。然而当今，草场沙化、湿地缩减的状况在很多地方都已经普遍出现。湿地和草原的破坏，导致水源涵养能力降低，天然草原退化，致使沙尘暴肆虐，甚至许多地方已经沙漠化。

栖息在湿地的鸟类

湿地是指陆地上常年或季节性积水（水深2米以内，积水期4个月以上）和过湿的土地与其生长、栖息的生物群落构成独特的生态系统。全世界约有湿地 $8.56\times10^8$ 公顷，其中加拿大湿地面积最大，约有 $1.27\times10^8$ 公顷；其次是俄罗斯，约有 $0.83\times10^8$ 公顷；我国居第三位，约有天然湿地和人工湿地 $0.63\times10^8$ 公顷。

湿地的功能是多方面的，它可作为直接利用的水源或补充地下水，又能有效控制洪水和防止土壤沙化，还能滞留沉积物、有毒物、营养物质，从而改善环境污染；它能以有机质的形式储存碳元素，减少温室效应，保护海岸不受风浪侵蚀，提供清洁方便的运输方式……它因有如此众多而有益的功能而被人们称为“地球之肾”。湿地还是众多植物、动物，特别是水禽生长的乐园，同时又向人类提供食物（水产品、禽畜产品、谷物）、能源（水能、泥炭、薪柴）、原材料（芦苇、木材、药用植物）和旅游场所，是人类赖以生存和持续发展的重要基础。湿地内丰富的植物群落，能够吸收大量的二氧化碳气体，并放出氧气，湿地中的一些植物还具有吸收空气中有害气体的功能，能有效调节大气组分。

就我国来讲，湿地保护应与湿地的开发、利用相结合。在湿地保护中，除防治污染外，应注意4个方面的问题：

（1）加强现有湿地自然保护区的建设

目前在全国各地先后建立的各种类型的湿地自然保护区有130余处，面积达 $3750\times10^4$ 公顷。未来的任务是进一步完善监控系统、管理体制和保护区的水平，将我国的湿地自然保护区建成世界级的珍禽保护区。

（2）生物资源的合理培育、利用和保护

湿地生物资源包括植物资源，如大面积的芦苇、草洲，水生动物资源有如鱼虾。实现生态农业和生态渔业，对生物资源适当培育，是开发利用湿地生物资源的重要措施。

（3）加强综合治理，提高防洪排涝能力

湖泊的淤积使平原湖泊沼泽化，加上围湖造田，湖面积日益缩小，湖容量大大降低。加强综合治理不仅要严禁围垦，适当退田还湖，还应该从整个流域的生态环境保护出发，防止水土流失、降低洪峰高度等。

（4）立法保护

在发达国家湿地被看作同农田、森林一样重要。美国1977年颁布保护洪泛平原和湿地的法规，欧共体的农业政策十分重视保护湿地。我国长江中、下游湿地的开发利用，保护问题，也已经被提到了议事日程。

天然草场

草场是农业用地的一种，指用于畜牧业生产的土地。草场是发展畜牧业不可缺少、不可代替的生产资料。所以说保护、利用、改造、建设牧地和草场，提高其生产能力，是发展畜牧业，实现稳产高产的根本措施。

甘南草原湿地

对草原的生态环境保护最重要的是降低人为活动的干扰，使人为活动控制在合理的程度。

近年来实施的退牧还草措施对保护草场起到一定的作用。放牧时期根据各类草场的产草量，确定放牧强度和载畜量，以草定畜，优化放牧。有试验结果表明，将放牧强度控制在50%左右，并按时转场，可使原来（10～12）×666平方米地养1只羊，提高到8×666平方米养1只羊，而且可以保持草地良好。在农牧交错区，尤其要防止滥垦、滥牧。

另外要加速对退化草地的恢复与重建。对严重退化的草地要采取多种途径和方法实现草场植被的恢复与重建。试验结果表明：封育、补播和施肥以及建立人工草地等都是行之有效的措施。对退化较轻的草地封育2~3年即可恢复，产草量提高2~3倍，植物群落的结构可发生变化，由单层结构变化为双层结构。对严重退化的草地实行补播优良草种，加上封育，第二年就可得到良好效果。

我国的甘南草原湿地是青藏高原湿地面积较大，特征明显，最原始、最具代表性的高寒沼泽湿地，也是世界上保存最完整的自然湿地之一。近年来，甘南草原湿地面积锐减，导致涵养水源能力降低，天然草原退化，土地严重沙化。甘南生态环境日趋恶化的现状引起了社会关注，当地政府一方面实施“农牧互补”战略，通过专业化、规模化养殖减少草场载畜量，另一方面通过发展畜产品加工业、旅游生态产业及第三产业，合理流转从事畜牧业者。通过实施退牧还草工程，甘南180000万平方米草场得以围栏封育。

知识点

### 自然保护区

自然保护区是一个泛称，是指对有代表性的自然生态系统、珍稀濒危野生生物种群的天然生境地集中分布区、有特殊意义的自然遗迹等保护对象所在的陆地、陆地水体或者海域，依法划出一定面积予以特殊保护和管理的区域。

由于建立的目的、要求和本身所具备的条件不同，自然保护区有多种类型。按照保护的主要对象来划分，自然保护区可以分为生态系统类型保护区、生物物种保护区和自然遗迹保护区3类；按照保护区的性质来划分，自然保护区可以分为科研保护区、国家公园（即风景名胜区）、管理区和资源管理保护区4类。不管保护区的类型如何，其总体要求是以保护为主，在不影响保护的前提下，把科学研究、教育、生产和旅游等活动有机地结合起来，使它的生态、社会和经济效益都得到充分展示。我国的国家级自然保护区有200多处。

## 延伸阅读

### 国际重要湿地标准

标准1：如果一块湿地包含适当生物地理区内一个自然或近自然湿地类型的一处具代表性的、稀有的或独特的范例，就具有国际重要意义。

标准2：如果一块湿地支持着易危、濒危或极度濒危物种或者受威胁的生态群落，就具有国际重要意义。

标准3：如果一块湿地支持着对维护一个特定生物地理区生物多样性具有重要意义的植物和/动物种群，就具有国际重要意义。

标准4：如果一块湿地在生命周期的某一关键阶段支持动植物种或在不利条件下对其提供庇护场所，就具有国际重要意义。

标准5：如果一块湿地定期栖息有2万只或更多的水禽，就具有国际重要意义。

标准6：如果一块湿地定期栖息有一个水禽物种或亚种某一种群1%的个体，就具有国际重要意义。

标准7：如果一块湿地栖息着绝大部分本地鱼类亚种、种或科，其生命周期的各个阶段、种间和/或种群间的关系对湿地效益和/或价值具有代表性，并因此有助于全球生物多样性，就具有国际重要意义。

## 保护土壤不受损害

### 科学地进行污水灌溉

工业废水种类繁多，成分复杂，有些工厂排出的废水可能是无害的，但与其他工厂排出的废水混合后，就变成有毒的废水。因此在利用废水灌溉农田之前，应按照《农田灌溉水质标准》规定的标准进行净化处理，这样既利用了污水，又避免了对土壤的污染。

## 合理使用农药

合理使用农药，不仅可以减少对土壤的污染，还能经济有效地消灭病、虫、草害，发挥农药的积极效能。在生产中，不仅要控制化学农药的用量、使用范围、喷施次数和喷施时间，提高喷洒技术，还要改进农药剂型，严格限制剧毒、高残留农药的使用，重视低毒、低残留农药的开发与生产。

## 合理施用化肥

根据土壤的特性、气候状况和农作物生长发育特点，配方施肥，严格控制有毒化肥的使用范围和用量。

增施有机肥，提高土壤有机质含量，可增强土壤胶体对重金属和农药的吸附能力。如褐腐酸能吸收和溶解三氯杂苯除草剂及某些农药，腐殖质能促进镉的沉淀等。同时，增加有机肥还可以改善土壤微生物的流动条件，加速生物降解过程。

## 进行生物改良措施

在受重金属轻度污染的土壤中施用抑制剂，可将重金属转化成为难溶的化合物，减少农作物的吸收。常用的抑制剂有石灰、碱性磷酸盐、碳酸盐和硫化物等。例如，在受镉污染的酸性、微酸性土壤中施用石灰或碱性炉灰等，可以使活性镉转化为碳酸盐或氢氧化物等难溶物，改良效果显著。

因为重金属大部分为亲硫元素，所以在水田中施用绿肥、稻草等，在旱地上施用适量的硫化钠、石硫合剂等，有利于重金属生成难溶的硫化物。

对于砷污染土壤，可施加 $Fe_2SO_3$ 和 $MgCl_2$ 等生成 $FeAsO_4$、Mg、$NH_4$、$AsO_4$ 等难溶物，减少砷的危害。另外，可以种植抗性作物或对某些重金属元素有富集能力的低等植物，用于小面积受污染土壤的净化。如玉米抗镉能力强，马铃薯、甜菜等抗镍能力强等。有些蕨类植物对锌、镉的富集浓度可达数百甚至数千 ppm（毫克/千克），例如，在被砷污染的土壤上谷类作物无法生存，但在其上生长的苔藓砷富集量可达 $1250 \times 10^{-6}$毫克/千克。

总之，按照“预防为主”的环保方针，防治土壤污染的首要任务是控制和消除土壤污染源。对已污染的土壤，要采取一切有效措施，清除土壤中的污染物，控制土壤污染物的迁移转化。

## 知识点

### 有机肥

有机肥是施于土壤以提供植物营养为其主要功能的含碳物料。有机肥主要来源于植物和（或）动物，富含大量有益物质：多种有机酸、肽类以及包括氮、磷、钾在内的丰富的营养元素。不仅能为农作物提供全面营养，而且肥效长，可增加和更新土壤有机质，促进微生物繁殖，改善土壤的理化性质和生物活性，是绿色食品生产的主要养分。

## 延伸阅读

### 农药对土壤的负面影响

农药能防治病、虫、草害，使用得当，可保证作物的增产。它也是一类危害性很大的土壤污染物，施用不当，会引起土壤污染。

喷施于作物体上的农药（粉剂、水剂、乳液等），除部分被植物吸收或逸入大气外，约有1/2 散落于农田，这一部分农药与直接施用于田间的农药（如拌种消毒剂、地下害虫熏蒸剂和杀虫剂等）构成农田土壤中农药的基本来源。农作物从土壤中吸收农药，在根、茎、叶、果实和种子中积累，通过食物、饲料危害人体和牲畜的健康。此外，农药在杀虫、防病的同时，也使有益于农业的微生物、昆虫、鸟类遭到伤害，破坏了生态系统，使农作物遭受间接损失。

### 大力扶持环保农业

美国夏威夷有个农场。为了生产健康食品，保护生态环境，几十年来从未使用过化肥、农药、除草剂、地膜和其他人工合成化工产品；农场只是根据现代化农业理论，应用农业科技新成果，选用抗病虫害强的农产品品种，实行轮作或间作，施用有机肥料，培育病虫害天敌，喷施天然药剂等，生产各种蔬菜和其他农产品等。这些产品生产过程环保，无农药污染，有益于人类身体健康，因而销路很好，值得关注。

绿色蔬菜生产基地

1990 年，美国大约有 600 种新的绿色产品问世。以其中的新型动物饼干为例，这种新型饼干是用生物技术种植的粮食面粉生产的，包装用的则是能被生物递降分解的纸板盒。人们称这些产品为环保农产品，称这种农业为环保农业。理论上看，环保农业完全能够逐步取代传统农业。

20 世纪 70 年代后，欧美许多国家提出“有机农业”、“生物农业”和“生态农业”等概念和理论，试图找到一种更为理想的不污染环境、使资源和环境得到保护的农业制度。这些理论的本质是一致的。它们的共同点是降低能量消耗，保护自然资源，改善环境质量，防止污染，提高食物品质等。因此，它也叫“环保农业”。

环保农业同样已在日本悄然兴起。日本很注意提高农业环境治理和改善方面的技术含量。诸如利用生物技术、开发与生态协调的高效肥料实用化技

绿色水稻地

术、残留农药简易诊断技术、土壤诊断技术、无农药无化肥栽培技术、侧条施肥技术、水旱田地形边锁抑制氮肥向水系流失技术，等等。环保技术的开发利用已颇见成效，20 世纪 80 年代末 90 年代初，进行无农药无化肥栽培生产。同时，日本还宣传、推广了不少环保型农业典型，充分利用典型地区的经验带动农业环境治理和环保型农业的发展。

在欧洲，环保农业发展较早。1991 年 6 月欧共体首次通过法律规定，只有那些严格按照规定方法生产出来的农产品以及加工品（其中有 95% 是有机农产品成分），才允许冠以有机农产品的标签；有关企业都必须接受有关部门的监督。据估计，到 21 世纪末，对环保农产品的需求将比现在增加 5 倍。因此，环保农业将继续保持大幅度增长。出口国除了欧美等国，非洲、南美洲一些国家也生产一些生态农产品，几乎全部用于出口。环保农产品深受消费者欢迎，但产量比较低，因而，其价格较贵。因此，生产生态农产品的经济效益较好。

我国有数千年传统农业的精粹技艺。例如，通过轮作、间作、套种等提高产量，充分利用农家肥，用地养地结合等。但是，长期以来对环保农业的认识不足，在人口不断增长的压力下，不得不毁林、毁草开荒，围湖围海造

套 种

田，导致水土流失，地力衰退，土地沙化、盐碱化等，使生态平衡失调和生态环境恶化。尤其是随工业的发展，乡镇企业迅猛发展，加速了工业污染向农村扩散。一些农产品由于农药含量过高而不能达到检验标准，直接危及作物和人体健康，也影响了出口创汇。

因此，我们应该大力发展环保农业，比方说在我国平原地区，可利用秸秆、粪便等制造沼气，供照明做饭取暖，并用沼气渣养鱼，用沼气肥下地，用消过毒的饲料喂猪，既增产了粮食，又促进了畜牧业发展。

美国也正在探索一种农业持续发展的新模式。美国国会于 1990 年 10 月通过了食品、农业、保护和贸易法案。它将持续农业定义为：“一种因地制宜的动植物综合生产系统。在一个相当长的时期内能满足人类对食品和纤维的需要；提高和保护农业经济赖以维持的自然资源和环境质量；最充分地利用非再生资源和农场劳动力，在适当的情况下综合利用自然生态周期和控制手段；保持农业生产的经济活力；提高农民和全社会的生活质量”。

为实施该方案，美国政府成立了持续农业顾问委员会，实行农业水源质量奖励，对那些采用保护性耕种方式的农民提供补贴；鼓励农民实行轮作；实施综合农场管理，鼓励农场种植大豆、燕麦等作物，如果种植面积不低于其基本种植面积的 20%，农场依然可获得政府补贴。另外，美国政府还在全国实施持续农业的教育和培训，进行技术推广，以促进这一农业持续发展的新模式的施行。

## 知识点

### 轮作、间作、套种

轮作是在同一块田地上，有顺序地在季节间或年间轮换种植不同的作物或复种组合的一种种植方式。我国早在西汉时期就实行了轮作措施。

轮作是用地和养地相结合的一种生物学措施，它有几大优点：有利于防治病、虫、草害；有利于均衡地利用土壤养分；可以改善土壤理化性状，调节土壤肥力。

间作是指一茬有两种或两种以上生育季节相近的作物，在同一块田地上成行或成带（多行）间隔种植的方式。间作可提高土地利用率，由间作形成的作物复合群体可增加对阳光的截取与吸收，减少光能的浪费，同时，两种作物间作还可产生互补作用。与间作相反，在一块土地上只种一种作物的种植方式，被称为单作。单作的优点是便于种植和管理，便于田间作业的机械化。世界上小麦、玉米、水稻、棉花等多数作物以单作为主。

套种也叫套作、串种，是指在前季作物生长后期的株行间播种或移栽后季作物的种植方式。对比单作它不仅能阶段性地充分利用空间，更重要的是能延长后季作物的生长季节的利用，提高复种指数，提高年总产量，是一种集约利用时间的种植方式。

## 延伸阅读

### 我国的绿色农产品

绿色农产品是指遵循可持续发展原则、按照特定生产方式生产、经专门机构认定、许可使用绿色食品标志的无污染的农产品。在此标准和要求下，我国的绿色食品分为A级和AA级两种。其中A级绿色食品生产中允许限量使用化学合成生产资料，AA级绿色食品则较为严格地要求在生产过程中不使用化学合成的肥料、农药、兽药、饲料添加剂、食品添加剂和其他有害于环境和健康的物质。按照农业部发布的行业标准，AA级绿色食品等同于有机食品。

## 高科技与环保

科学技术拥有巨大的力量，是第一生产力。它除了带给我们便捷、舒适的生活外，也给环境带来前所未有的破坏力，是柄锋利的双刃剑。我们要学会科学合理地应用它，让它在环境保护工作中发挥出应有的作用。目前，科技在环境保护中的作用已经凸显出来，有些环境问题的圆满解决就是借助了科技的力量。有理由相信，科技的环保作用必将随着人们的认知程度的提升和其应用范围的扩大进一步呈现出来。

### 合理应用科技力量

合理地应用科学技术，能帮我们创造一个更加美好的绿色地球。

近些年来，包括发达国家在内的许多国家，投入了大量资金，加强环境科学和技术的研究。美国公害防治的科研工作由联邦政府、科学基金会等学术团体组织科研机构、高等院校进行，并且各州还有关于本地区的研究计划。环境保护局在19个州设有30多个实验室或研究所，其中有3个大型的研究中心，各有研究特色。另外，美国科学院还设立了环境工程委员会，为环境保护局提供咨询意见。

美国的加州理工学院、麻省理工学院、新泽西州律特吉斯大学等设立了环境科学或污染工程学。这些系科既培养环保科技人才，又承担国家交办的科研任务。他们的主要工作是调查全国性的、地区性的大气、水源、土壤污染情况以及它们的污染源，研究控制和消除污染的办法。另外还加强基础理论研究；确定环境质量评价的原则和污染标准；调查、监测和分析环境状况的方法；设计环境变化、环境与生态关系、环境污染对人体健康影响的模型；研制测试技术，超微量分析、超纯分析技术与仪器；开发新能源、清洁能源。

日本以国立公害研究所为中心，加强同中央各部门、地方和企业的合作，建立了三者综合防治公害的科研体制。国立公害研究所和中央各部研究机构主要研究大气和水质污染问题，同时，负责日本各地公害防治监测数据情报的收集与整理。大学加强基础理论研究，如城市生态学、环境模型、环境气候学、污染质化学、微量污染物影响等。地方科研单位重点研究本地区特有公害的防治等。企业主要研究本企业的公害防治工作。日本还出台法令规定了各种行业、不同规模工厂的公害防治人员的数量和从业资格。

英国比较重视“洁净技术”的研究与推广应用。“洁净技术”与如何处理处置废品、废气、废水等污染物的常规防治技术相反，是一种既环保，又有利于经济发展的防治污染技术。1990 年 7 月，英国农业与食品研究委员会和科学与工程研究委员会联合成立了“洁净技术小组”，专门负责组织“洁净技术”研究工作。1990 年 9 月，英国政府在其环境白皮书中特别提出要大力发展“洁净技术”。为了推广“洁净技术”，政府每年所花的研究费约 3800 万英镑。它涉及产品设计、能源生产、新工艺、工艺改造、工艺控制、能源效率、废物的回收利用等 7 个方面。新的重点研究领域是利用光合作用生产精细化学品、原料和燃料；采用新的生物方式或无机合成法，可以生产出高效化学物质；通过农业中的工程过程法，采用新技术，来提高农作物和畜牧产品的产量并减少废物的方法。由于推广“洁净技术”，谢夫隆公司 1988 年危险废物的产出量比 1986 年下降 60%，节省经费 380 万美元，阿莫科化学公司 1988 年废物产量比 1983 年下降了近 90%，节省经费 5000 万美元。

德国的环保研究工作主要由大学、研究委员会、马科斯—普朗克学会、弗朗霍弗学会所属的研究所、德国工程师协会所属委员会、各工业研究所承担。它们着重研究水质污染对生态系统的影响和污水处理新方法，推广燃料脱硫和排气脱硫的方法，研制无铅汽油和使微细灰尘、二氧化硫、氧化氮、一氧化氯、二氧化氟混合物分离的设备，改进固体废物灰化技术，提高清除

洁净室厂房

放射污染物的效能，改进放射性污水的净化设施等等。

苏联由国家科委的环境保护和合理利用自然资源综合委员会、科学院的生物环境问题科学委员会协调研究所和大专院校的研究工作。重点是研制净化设备、清除工业污染。为了从根本上解决工业污染问题，又加强了对少废料或无废料工艺、综合利用和循环生产的研究。

实现可持续发展，各国都应采用消耗资源少的新技术和提高污染物治理的技术，并且不断地改进，以便更好地保护环境。科学技术的进步有助于人们加深对气候变化、资源消耗、人口趋势和环境恶化等问题的分析和研究，从而更好地加强环境管理和发展事业，及时采取预防措施，减少对环境的危害。所以，加强对全球环境问题的科学研究，采用更先进的方法解决环境问题是可持续发展的重要步骤。

知识点

**能源效率**

能源效率是能源开发、加工、转换、利用等各个过程的效率。能源效率用来对能源利用率高低的衡量。一般提高能源的使用效率，除了采用回收再利用的方法之外，就是尽可能增大反应物的表面积以提高受热面积。

延伸阅读

**洁净技术的产生**

第二次世界大战期间，美国生产的飞机导航用气浮陀罗仪，由于质量不稳定，每10个陀罗仪平均要返工120次。在20世纪50年代初朝鲜半岛战争期间，美国的16万台电子通讯设备，更换了百万个以上的电子部件，原因都是电子器件、零部件的可靠性差，质量不稳定。生产厂家究其原因，最终认定为与生产环境不清洁有关。尽管当时曾不惜工本，采取了种种严密措施来封闭生产车间，但收效甚微。

直到1951年高效空气过滤器研制成功并应用于生产车间的送风过滤，才真正诞生了具有现代意义的洁净室。

1961年美国桑第阿国家实验室的高级研究人员怀特菲尔特提出了当时称之为层流、现正名为单向流的洁净空气流组织方案，并应用于实际工程。从此洁净室达到了前所未有的更高洁净级别。

同一年，美国空军制定颁发了世界上第一个洁净室标准——“洁净室与洁净工作台的设计与运转特性标准”。在此基础上，1963年12月公布了将洁净室划分为三个级别的美国联邦标准FED—STD—209。至此形成了完善的洁净室技术的雏形。

以上的这三个关键环节的发展，是现代洁净室发展历史上的三个里程碑，宣告了洁净技术的真正诞生。

## 采用新型环保材料

材料是人类赖以生存和发展的物质基础。20 世纪 70 年代，人们把信息、材料和能源誉为“当代文明的三大支柱”。材料与国民经济建设、国防建设、人民生活密切相关。传统材料通过采用新技术，提高技术含量，提高节能、环保等性能，而成为新型环保材料。这里仅举两例：

(1) 纳米材料的应用

随着科学技术的发展，人们发现当物质达到纳米尺度以后，大约在 1 ~ 100 纳米这个范围空间，物质的性能就会发生突变，出现特殊性能。这种既不同于原来组成的原子、分子，也不同于宏观物质的特殊性能的物质构成的材料，即为纳米材料。

纳米材料物质

纳米材料由于其表面和结构的特殊性，具有一般材料难以获得的优异性能。借助于传统的涂层技术，再给涂料中添加纳米材料，可获得纳米复合体系涂层，实现功能的飞跃，使得传统涂层功能改性从而获得传统涂层没有的功能，如有超硬、耐磨、抗氧化、耐热、阻燃、耐腐蚀、变色等。在涂料中加入纳米材料，可进一步提高其防护能力，实现防紫外线照射，耐大气侵害和抗降解等，在卫生用品上应用可起到杀菌保洁作用。在建材产品如玻璃中加入适宜的纳米材料，可达到减少光的透射和热传递效果，产生隔热、阻燃等效果。由于氧化物颜色不同，这样可以通过复合控制涂料的颜色，克服炭黑静电屏蔽涂料只有单一颜色的单调性。

纳米材料的颜色不仅限粒径而变，而具有随角度变色的效应。在汽车的装饰喷涂业中，将纳米材料添加在汽车的金属闪光面漆中，能使涂层产生丰富而神秘的色彩效果，从而使传统汽车面漆色彩多样化。

化工业影响到人类生活的方方面面。如果在化工业中采用纳米技术，将更显示出独特魅力。在橡胶塑料等化工领域，纳米材料都能发挥重要作用。如在橡胶中加入纳米二氧化硅，可以提高橡胶的抗紫外辐射和红外反射能力；纳米氧化铝和二氧化硅加入到普通橡胶中，可以提高橡胶的耐磨性和介电特性，而且弹性也明显优于用白炭黑作填料的橡胶。塑料中添加一定的纳米材料，可以提高塑料的强度和韧性，而且致密性和防水性也相应提高。最近又开发了食品包装的二氧化钛。纳米二氧化钛能够强烈吸收太阳光中的紫外线，产生很强的光化学活性，可以用光催化降解工业废水中的有利污染物，具有除净度高、无二次污染、适用性广泛等优点，在环保水处理中有着很好的应用前景。

美国在纳米材料、超材料方面保持领先地位。2009 年 1 月，美国杜克大学的科学家使用“超材料”研制出了一种隐形材料。该材料可引导微波“转向”，避开仪器探测，从而将物体隐形。新研究成果向制造隐形设备的目标迈出关键一步，除应用于军事外，还可用来解决手机信号受屏蔽问题，并有助于研制出能“扭曲”可见光和红外线的隐身材料。2 月，美国杜克大学和马萨诸塞州立大学表示，两家机构的科学家借助化学“胶水”，首次用不同磁性和非磁性物质的粒子合成出复杂纳米结构。该成果将适用于制造先进的光学设备、包装设备、数据存储和生物工程设备等。4 月，美国莱斯大学和斯坦福大学分别用圆柱状碳纳米管成功制出几十纳米宽的石墨烯带。莱斯大学的丝带状石墨烯能用来制造太阳能电池板、可弯曲触摸显示屏，并可制成轻薄导电纤维，以取代飞行器上使用的笨重铜线；斯坦福大学的窄带石墨烯则具有导电性能，在电子工业领域用途广泛，现已用石墨烯带制出晶体管原型。

2009 年 1 月，英国曼彻斯特大学用纯净石墨烯和氢制备出一种具有绝缘性能的二维晶体石墨烯衍生物——石墨烷。该方法也适用于制备其他基于石墨烯的具有不同导电性能的超薄材料。研究表明，石墨烯可被制成新的材料以微调其电子性能，为未来电子设备提供多功能材料，极有可能带来半导体工业的变革。

2009 年 5 月，日本的研究小组在世界上首次直接观测到了重电子形成的费米面，开发出低温节能的新型半导体和世界首款可伸缩弯曲的有机 EL 显示屏。该项研究有可能成为判明超导机理的突破口。同年 6 月，日本开发出新纳米粒子制造方法，通过在由白金、界面活性剂与溶煤组成的水溶液中添加还原剂，约 10 分钟就可以快速产生白金纳米粒子，而且白金的粒子化率达到 100%，每克的表面积达到 55 平方米。这种白金纳米粒子的优点除了表面积最大，具有很高的热稳定性，还能很容易地与钌、镍、钴、钯等金属组合成合金，并根据需要制成各种合金纳米材料。

氟　石

2009 年 3 月，南非核能源公司下属的化学分部推出了“氟化学扩展倡议（FEI）”，旨在推动南非建立高附加值的氟化学产业。南非拥有丰富的氟石资源，目前是世界第三大氟石生产国，但其中 95% 的酸级氟石产品都出口国际市场，只有 5% 被用来制造粗的和纯的氟化氢以及其他氟化学产品。同年 5 月，南非约翰内斯堡大学的研究人员大力推进纳米海绵材料研究；南非政府希望这项研究能克服传统水处理方法的不足，帮助农村偏远地区的居民获得干净水。与普通尺寸的过滤介质不同，纳米海绵能针对分子的电性做出不同的反应，每一个空穴的内部对水是排斥的，而外部却是吸水的，因此，水分子很容易就穿过纳米海绵，而像杀虫剂等一系列污染物则被吸附在空穴中。另外，还可以针对某一特定的污染物，在纳米海绵上接入特殊物质，使其吸附目标污染物，甚至将其转化成毒性较小的物质。

总之，在未来生活中，纳米技术将带给我们无限的舒心与时尚，使人类的生存条件更加优越。

（2）新型屋面材料的应用

建筑的每个部位都有与之相对应的建筑材料。长期以来，人们对屋面材料的认知大都集中在对瓦材的了解上。用传统的观念来看，屋面材料最主要的功能就是防水。因此，千百年来，在缺水的北方，住宅大都是在斜面或平面的屋顶抹泥即可；而在多雨的南方，则需要在屋顶上铺装排列紧密的泥瓦。世世代代，泥瓦就是屋面唯一的“外衣”。然而为了保护耕地、保护环境、节约能源，我国已限制和逐步禁止使用黏土瓦，极力推广非黏土瓦。

现代建筑的屋面，其功能已不仅仅是为房屋遮风避雨了，不仅要考虑到舒适度，而且还要考虑到环保、隔音、美观等问题。正是这种需要催生出新型屋面材料的问世。屋面工程正在成为新型环保节能材料一展身手的大舞台。

国家墙体材料“十五”规划中明确指出：“必须大力研究开发具有高效、节能、节土、利废、环保的轻质、高强、保温、隔热、防火型新型复合墙体材料及屋面防水材料。”

随着我国经济的繁荣和科技的进步，人们居住条件和生活水平不断提高，现代建筑逐步向高质量、高档次发展，其功能要求不断提高。当传统的屋面材料已不能满足建筑业发展要求时，各种新型屋面材料便应运而生。根据国际建材发展的流行趋势，屋面材料正向质轻、美观、环保、防水防火、隔音隔热等方向发展。然而，石棉瓦、水泥瓦及近年来兴起的彩钢瓦等都难以在性能方面同时满足环保和节能的需求。针对传统屋面建筑材料存在的诸多难以解决的问题，为达到“十五”规划中提出的“高效、节能、节土、利废、环保”的所有功能要求，国内一大批企业开始了屋面复合材料的探索和创新。

塑料复合瓦

塑料复合瓦作为一种新型屋面材料正在异军突起。

新型塑料复合瓦的重要特征是：

（1）主要呈波形状，或呈直线状，或呈下凹弧形状，瓦之正面其一侧边有纵向沟槽；

（2）其另一侧边瓦之背面有可与纵向沟槽相扣合的纵向凸棱；

（3）瓦体由改性塑料和钢或其他纤维复合制成。作为优选方案，瓦体内有钢丝网内衬；

（4）或有隔热保温材料夹心层。

这种新型塑料复合瓦的突出效果是：采用改性塑料制成，且掺使一定量废旧塑料，有利环保，避免了烧制泥瓦的土地浪费；采用先进配方工艺，产品阻燃、强度高、韧性好、耐老化、温度特性优、使用寿命长；重量轻，采用钉或粘接等方法安装，结实牢固，防风防震，可基本免除维修，且隔热保温性强。

## 知识点

### 纳米和纳米技术

纳米如同厘米、分米和米一样，是长度单位，原称毫微米，是10亿分之一米，100万分之一毫米。纳米极其微小，大约有4倍原子大小，还不如单个细菌的长度。纳米技术就是指在0.1纳米–100纳米的尺度里，研究电子、原子和分子内的运动规律和特性的一项崭新技术。纳米技术是一门交叉性很强的综合学科。其研究的内容涉及现代科技的广阔领域，可划分为纳米电子学、纳米物理学、纳米化学、纳米生物学、纳米加工学和纳米计量学等6个分支学科。其中，纳米物理学和纳米化学是纳米技术的理论基础，而纳米电子学是纳米技术最重要的内容。

## 延伸阅读

### 纳米材料的发现

1980年的一天，德国著名物理学家格莱特到澳大利亚旅游。当他独自驾车横穿澳大利亚的大沙漠时，空旷荒寂的环境使他的思维变得十分活跃。格莱特长期从事晶体材料的研究，这时他突然想到，如果组成材料的晶体的晶粒细到只有几个纳米大小，那么材料会是个什么样子呢？他带着这些想法回国后，立即开始试验。经过将近4年的努力，终于在1984年制得了只有几个纳米大小的超细粉末。格莱特在研究这些超细粉末时发现了一个十分有趣的现象。一般情况下，金属具有各种不同的颜色，如金子是金黄色的，银子是银白色的，铁是灰黑色的。金属以外的材料也可以带着不同的色彩。可是，一旦所有这些材料都被制成超细粉末时，它们的颜色便一律都是黑色的。为什么无论什么材料，一旦制成纳米材料，就都成了黑色的呢？原来，当材料的颗粒尺寸变小到小于光波的波长时，它对光的反射能力变得非常低，大约低到小于1%。既然超细粉末对光的反射能力很小，我们见到的纳米材料便都是黑色的了。颜色有了巨大的改变，那么物质的性能是不是也发生了翻天覆地的变化了呢？这个推断也是正确的。物质被制成纳米级后，性能的确发生了很大的变化。著名的美国阿贡国家实验室制备出了一种纳米金属，居然使金属从导电体变成了绝缘体；用纳米大小的陶瓷粉末烧结成的陶瓷制品再也不会一摔就破了。如今，纳米材料的出现，改变了科学技术中的一些传统概念。

## 用科技手段除污防害

科技环保是一种趋势。用科技手段除污防害是现在环保工程的一大重点。科学家们正在研发净化空气、洁净燃料的新方法。

（1）补救臭氧层

关于影响地球环境全局的臭氧层被破坏问题，各国已达成共识，于1987年签订了“禁止毁坏臭氧层”的蒙特利尔协议书，规定工业国必须在2000

年禁止生产和使用氯氟烃产品，发展中国家的期限延长10年。1990年，大约60个国家在伦敦签署了到2000年停止使用和生产氯氟烃及其他几种制品的协议。因此，研制氯氟烃等化学代用品，寻找对臭氧层无害的材料已成为科学家们的重要课题。

汽车是另一个重要的大气污染源。据统计，进入欧洲大气层的氧化氮，42%是汽车造成的。此外，汽车还排放肮脏的碳氢化合物和一氧化碳。科学家们正在研究减少汽车废气的净化器。

欧共体规定，1992年所有新车必须配备诸如催化转换器之类的新技术产品。但是，由于开始时抑制污染物的催化转换器尚未加热到工作状态，因而在最初几分钟内排出的仍然是未经处理的污染物。为解决这个问题，美国科宁公司推出了一种新产品，给催化转换器安装电预热器。经测试，其排放的非甲烷烃类和一氧化碳气体还不到加利福尼亚州为1997年型汽车制定标准限量的50%，也符合对氮氧化物排放的规定。但美中不足的是，这种装置外加一个金属栅，其能量来自一个电池组，增加了汽车的重量和提高了汽车的成本。科宁公司为此正在与汽车公司合作，努力减少所需能量，实现实用化。

雷诺汽车公司的电动车

另外，从20世纪80年代中期开始各大汽车公司认识到生态环境问题的重要性，纷纷研究和开发无污染汽车新产品。其中，电动汽车就是其中之一。例如，雷诺汽车公司从1986年开始研究电动汽车，1997年投入市场。标致汽车公司于1990年已开始出售“J—5”型电动车。菲亚特、沃尔沃、巴伐利亚等欧洲汽车公司都制定了生产电动车的计划。在美国，通用公司、福特公司、克莱克斯公司三大公司联合组成财团，为制造电动汽车已获得政府资助3.5亿美元。加利福尼亚州规定，所有汽车厂从1998年开始，“无污染汽车”的产量应占生产总量的2%，到2003年为5%，2005年达到10%。

进入21世纪，石油加工科学技术的首要任务仍然是为了生产质优价廉的产品而研究开发新技术、新产品，其中环保技术是需要研究解决的一大课题。保护人类赖以生存的生态环境是全世界的呼声。一些国家对石油加工工业环保要求越来越高。为了达到这些要求所采取的措施耗资会很大。

一个不排放有污染的废水、废气、废物，不造成噪声的石油加工厂将是21世纪的目标。为此应在现有环保技术的基础上，进一步研究开发无泄漏、不排放的工艺流程和设备。对污水和废气的处理可考虑研究开发高效吸附剂或离子交换树脂，回收低浓度的排放物质。

炼油工业一个重要的环保任务，是提高发动机燃料的质量，以求减少排气中氮、硫的氧化物和一氧化碳、烃类以及铅的含量。根据国外环保要求，汽油和柴油的氢含量应高，芳烃和外烃含量应低，还不能加铅。这就需要炼油科研工作者对现有催化裂化、重整、加氢等技术沿着少产芳烃、多产异构烷烃这个方向加以提高，同时探索发展新的加工工艺和催化剂，比如高异构化性能的减压馏分加氢裂化催化剂。有关内燃机排气污染问题，不少人认为解决的办法从改进发动机设计入手比从改进燃料入手更为有效。促进发动机设计部门与燃料研究部门共同研究解决这个问题是重要举措。

地球上三个主要的天然碳储层（海洋、陆地、大气）中，海洋碳储层的储量到目前为止是最大的，已经查明海洋碳储层的储量比陆地碳储层要高出数倍，而陆地碳储层的储量要大于大气碳储层的储量。因此，海洋的开发空间潜力巨大。

目前，利用海洋封存二氧化碳的方法有两种：①从大规模工业点源捕集二氧化碳并把二氧化碳直接注入深海；②通过添加营养素使海洋肥化来增强大气二氧化碳的捕捉和提取。上述2种方法在原理上存在较大差异，但是两种方法均能提高海洋储层封存碳的速率，从而减少大气储层所承受的碳负荷。目前海洋肥化方面仍存在极大的不确定性，因此国际上把注意力更多地放在第一种方法上。

全球海洋较温暖的表层海水二氧化碳呈饱和状态，而低温深层海水是不饱和的，且具有巨大的二氧化碳溶解能力，这表明深层海水具有巨大的碳封存能力。把大气中的二氧化碳天然“泵送”到深层海水存在两种机理：

①溶解泵。二氧化碳更易溶解于高纬度海区的低温、高密度海水中，这些高密度海水将下沉至海底。这就导致海水出现“温盐环流”现象。为此，在北大西洋的低温深层海水（富含二氧化碳）向南流经南极洲，最终在印度洋和赤道太平洋上翻，变成表层海水。在那里，二氧化碳再次释放到大气中。同样，南极深层水在上涌至表面之前在南极洲周围循环，然后从高纬度海区高密度海水下沉到重现于热带海区表面，这之间的时间间隔估计为1000年。

②生物泵。海洋中的植物吸收表层海水中溶解的二氧化碳，通过光合作用维持生命。海洋浮游动物通常能快速吃掉浮游植物，然后又被较大的海洋动物捕食。表层海水中超过70%的这种有机物质可以再循环，但深层海水的平衡主要是通过微粒有机物质的沉淀来完成。所以，这种生物泵把二氧化碳从表层海水向深层海水运送，并有效地把二氧化碳封存于局部深层海水区域。大多数这种有机物质都通过细菌再矿化而释放出二氧化碳，最终这些二氧化碳将又返回至表层海水，完成一个循环。

等离子气化技术已经发展了数十年，用这种技术可以把垃圾中的能量提取出来。这个过程在理论上很简单：当电流穿过封闭容器内的气体（通常是普通空气）时，会产生电弧和超高温等离子体，也就是离子化的气体，温度可达7000℃，甚至比太阳表面还热。这个过程如果发生在自然界中，就被称为“闪电”，因此从字面上说，等离子气化其实就是发生在容器中的人工闪电。

离子体的极高温度可以破坏容器中任何垃圾的分子键，从而将有机物转化为合成气（一种一氧化碳和氢气的混合物），其他物质则变成类似玻璃体的熔渣。合成气可以用在涡轮机中作为燃料进行发电，也可以用来生产乙醇、甲醇和生物柴油；熔渣则可以加工成建筑材料。

过去，气化法在成本上还难以跟传统的城市垃圾处理方法相竞争。但逐渐成熟的技术使这种方法的成本不断降低，同时能源的价格也在不断攀升。美国佐治亚理工学院等离子体研究所所长路易斯·齐尔切奥说，现在“两条曲线已经相交了——把垃圾送到等离子体处理厂处理变得比堆成垃圾山要便宜了！”

等离子体技术处理垃圾也并非完美无缺。齐尔切奥介绍说："用等离子体处理1吨垃圾，相当于把排放到大气中的二氧化碳减少了2吨。"但这个方法还是会增加温室气体的净排放。

虽然事情不可能尽善尽美，不过美国环保局统计过，如果美国所有城市固体垃圾都用等离子体处理并发电的话，就能提供全国用电需求总量的5%～8%。目前，国外等离子体弧废物熔融技术在熔融医疗垃圾、城市垃圾、焚烧飞灰等领域已进入实际运用阶段。

（2）发展洁净煤技术

我国是世界上最大的煤炭生产国和消费国。传统的煤炭开发利用方式导致的煤烟型污染，已成为我国大气污染的主要类型。由于这种以煤为主的能源格局在相当一段时期内难以改变，发展洁净煤技术是现实的选择。

传统意义上的洁净煤技术主要是指煤炭的净化技术及一些加工转换技术，即煤炭的洗选、配煤、型煤以及粉煤灰的综合利用技术，国外煤炭的洗选及配煤技术相当成熟，已被广泛采用；目前意义上的洁净煤技术是指高技术含量的洁净煤技术，发展的主要方向是煤炭的气化、液化、煤炭高效燃烧与发电技术，等等。它是旨在减少污染和提高效率的煤炭加工、燃烧、转换和污染控制新技术的总称，是当前世界各国解决环境问题的主导技术之一，也是高新技术国际竞争的一个重要领域。

根据我国国情，洁净技术包括：选煤，型煤，水煤浆，超临界火力发电，先进的燃烧器，流化床燃烧，煤气化联合循环发电，烟道气净化，煤炭气化，煤炭液化，燃料电池。目前洁净煤技术作为可持续发展战略的一项重要内容，受到了高度重视，其发展规划已被列入《中国21世纪议程》。

根据《中国洁净煤技术"九五"计划和2010年发展纲要》，我国洁净煤技术主要包括煤炭加工、高效洁净燃烧和发电、煤转化、污染排放控制及废弃物处理4个领域，涉及煤炭、电力、化工、建材、冶金5个主要行业。当前选择14项技术，并按3个层次组织实施，即优先推广一批技术成熟、在近期能够显著减少烟煤污染的技术（如选煤、型煤、配煤、烟气脱硫等）；示范一批能在20世纪末或21世纪初实现商业化的技术（如增压循环流化床发电、大型循环流化床、工业型煤等）；研究开发一批起点高、对长远发展有影响的技术（如煤炭液化、燃料电池等）。

为了消除煤尘，各国目前大多采用除尘器、惯性力除尘器、离心力除尘器等装置。我国广泛使用的是离心力除尘器，其特点是结构紧凑，占地少，造价低，维修方便，能除去10微米以上的尘粒，除尘率达80%以上。另外，还有一种高效率静电除尘装置，其除尘率达99.9%以上。

解决煤炭含硫造成的污染是洁净煤技术的重点课题之一。从我国的实际出发，应以实行统筹规划、合理分工，以国家发布的排放标准为依据，以经济实用为目标，寻求各种脱硫措施的合理组合，体现煤中硫生命周期全过程控制为指导思想。首先，应限制高硫煤的开采和使用。限制高硫煤的开采总体上不会影响中国能源生产和消费结构的平衡，是减排二氧化硫的有效措施。其次，可通过煤炭洗选加工脱除50%～70%的黄铁矿硫。燃烧中固硫包括燃用固硫型煤或配煤和采用循环流化床锅炉实现炉内脱硫、烟气净化脱硫。

知识点

**热电偶**

热电偶是温度测量仪表中常用的测温元件，是由两种不同成分的导体两端接合成回路时，当两接合点温度不同时，就会在回路内产生热电流。如果热电偶的工作端与参比端存有温差时，显示仪表将会指示出热电偶产生的热电势所对应的温度值。热电偶的热电动热将随着测量端温度升高而增长，它的大小只与热电偶材料和两端的温度有关，与热电极的长度、直径无关。热电偶的外形各种各样，但是基本结构却大致相同，通常由热电极、绝缘套保护管和接线盒等主要部分组成，通常和显示仪表、记录仪表和电子调节器配套使用。

## 延伸阅读

### 氯氟烃化合物

氯氟烃又称氟氯烃、氯氟碳化合物、氟氯碳化合物，是一组由氯、氟及碳组成的卤代烷。具有低活跃性、不易燃烧及无毒等特性。氯氟烃化合物被广泛使用于日常生活中。在一般条件下，氯氟烃的化学性质很稳定，在很低的温度下会蒸发，因此是冰箱冷冻机的理想制冷剂。它还可以用来做罐装发胶、杀虫剂的气雾剂。另外电视机、计算机等电器产品的印刷线路板的清洗也离不开它们。氯氟烃还有一大用途是作塑料泡沫材料的发泡剂。氯氟烃在地球表面很稳定，可是，当到了距地球表面15～50千米的高空，受到紫外线的照射，就会生成新的物质和氯离子，而氯离子可破坏臭氧层，本身却不受损害。因此，为了保护臭氧层，从1996年1月1日起，氯氟碳化合物正式被禁止生产。

## 以科技来节约能源

能源紧缺是现在的一大难题。科学家们正在不断寻找新能源。尽管许多可再生能源已经开始普及，然而，节约能源是永远都不会改变的话题。以科技来发展能源、节约能源，是节能环保的主流。

(1) 绿色节能网络

随着环境问题的日益被重视，人们在享受IT技术与产品给生活带来的巨大便利的同时，已经越来越重视IT产品的绿色环保和节能问题。

交换机

国际著名网络设备和解决方案提供商D－Link推出了6款绿色以太网环保节能千兆交换机，新推出的这6款交换机不仅强调绿色环保和节能，其性能与操作性也十分优异，可为环境保护和用户带来双赢的结果。

由于家庭或SOHO用户所使用的线缆长度大多少于20米，因此使用D-Link新推出的采用绿色地球系统环保节能技术交换机，可以自动侦测线缆长度，并提供相应的工作用电量，使能源消耗大幅度降低，从而达到节能及环保的目的，降低使用成本。

（2）实现“汽车共享”

汽车是用能大户。实行“汽车共享”，提高汽车的使用效率，是荷兰阿姆斯特丹的节能高招。在阿姆斯特丹，“汽车共享”公司的客户需要用车时，只要上网预订一辆停在附近的“共享汽车”，轻敲键盘，相关信息就会通过无线系统自动传输到所预订汽车的电脑接收器内，客户的个性化密码钥匙与密码也同时得到了确认。届时，客户只要找到所订汽车，打开汽车泊位旁的一个密码箱，取到汽车钥匙，就可轻松前往目的地，用完之后再将汽车停回指定地点；交通问题就这样解决了。

在阿姆斯特丹市中心星罗棋布的运河边，共有300多处开办共享业务的“绿色车轮”公司事先租下的停车区。住在市中心的客户一般只要走两个街区，就能找到该公司统一配置的红色“标致206”。这是目前西欧地区非常流行的节能省油小型车。

据介绍，这种“汽车共享”最大的好处是省钱、节能、环保。阿姆斯特丹市中心汽车泊位非常紧张，私家车主一般要等6年才能得到市中心的泊位许可。“共享汽车”最大的好处是可节约大量能源。有统计显示，1辆充分发挥效用的“共享汽车”大约可以替代4～10辆私家车，如果平均到每位顾客，则相当于人均减少30%～45%的驾驶千米数，节能效果非常可观。还有，可减少大量废气排放。据荷兰研究环保问题的学者兰斯·梅坎普调查，“绿色车轮”公司50%以上的客户使用这种“共享汽车”来替代私家车，这样可减少40%的汽车废气排放，环保作用显而易见。目前，“汽车共享”也已开始在瑞士和德国的许多大城市流行，欧盟也准备力促这种节约理念在欧洲进一步推广。

（3）“能源明星窗”计划

美国近2/3的家庭有自己的房屋，人均住房面积居世界首位，其中大部分住宅都是三层以下的独立房屋，拥有客厅、卧室、厨房、浴室、贮藏室、洗衣室、车库等，热水、暖气、空调设备齐全，而且暖气、空调全部是分户设置。正因为美国住宅的这些特点，电力、煤气、燃油等能源是美国家庭日常开销的一个主要部分。

为了节约能源，美国一直致力于提高门窗的各项技术性能。据测算，美国最近提出的“能源明星窗”计划比普通窗节约能源40%左右。能源明星窗采用新的窗体材料，其中包括Low－E玻璃、中空玻璃、温暖边缘技术等。

低辐射镀膜玻璃

与采用单层玻璃的房屋、建筑相比，使用中空玻璃的楼房能改善隔热、散热性能。如使用两片由低辐射镀膜玻璃所组成的中空玻璃的话，节能、降耗的效果将更加明显。

中空玻璃

Low－E 玻璃又称低辐射玻璃，是在玻璃表面镀上多层金属或其他化合物组成的膜系产品。其镀膜层具有对可见光高透过及对中远红外线高反射的特性，使其与普通玻璃及传统的建筑用镀膜玻璃相比，具有优异的隔热效果和良好的透光性。

Low－E 玻璃对太阳光中可见光有高的透射比，可达 80% 以上，而反射比则很低，这使其与传统的镀膜玻璃相比，光学性能大为改观。从室外观看，外观更透明、清晰，既保证了建筑物良好的采光，又避免了以往大面积玻璃幕墙、中空玻璃门窗光反射所造成的光污染现象，营造出更为柔和、舒适的光环境。

Low－E 玻璃的上述特性使得其在发达国家获得了日益广泛的应用。

以铝隔条做的中空玻璃，具有密封寿命长的特点，但缺点是边缘传导性能高致使节能效果差。而一些边缘热传导性能低的隔条制作的中空玻璃，虽大大地提高了节能效果，但减少了密封寿命。20 世纪 80 年代末，美国边缘技术中空玻璃有限公司成功地开发并制造了超级间条。以该项技术制作的中空玻璃，第一次同时解决了保证中空玻璃的密封性能和降低隔条的热传导性的这一对矛盾。其产品质量通过了国际上最严格的挪威 NBI 检验。国际上通常将中空玻璃的边部 6.35 厘米范围定义为玻璃边缘，由于铝隔条的绝缘效果差而导致边缘的导热系数高而使边部出现结雾，而温暖边缘技术则能够很好地解决这一问题。

（4）智能家居系统

不论在家里的哪个房间，使用一个遥控器便可控制家中所有的家用电器，如照明、窗帘、空调、音响等。例如，遥控灯光时可以调亮度，遥控音响时可以调音量，遥控拉帘或卷帘时可以调行程，遥控百叶帘时可以调角度。在卫生间、壁橱安装感应开关，有人灯开、无人灯灭。

这就是传说中的智能家居系统。世界上最早的智能建筑是在美国诞生的。随后，加拿大、澳大利亚、欧洲和东南亚等经济比较发达的国家和地区，先后开始开发智能建筑和智能家居产品，促使世界其他国家的众多企业参与竞争智能家居这个市场。

智能家居是信息时代和计算机应用科学的产物，是现代高科技与现代建

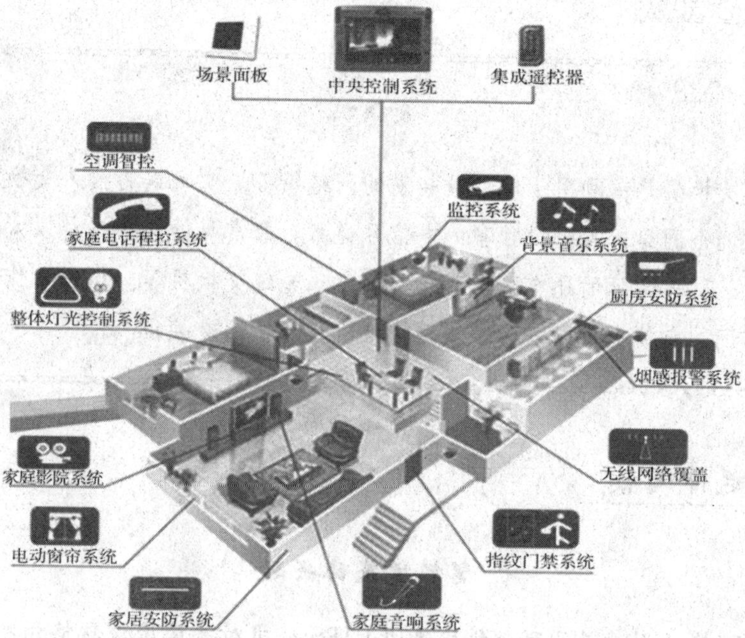


智能家居剖析图

筑的完美结合。

智能家居系统就主要通过各种定时事件管理、“人来灯亮、人走灯灭”感应控制功能、亮度传感器灯光亮度自动检测、温湿度传感器自动控制中央空间及地热系统等核心手段，实现照明节能、电源插座节能、大功率电器能源节能等。而聚晖的智能家居系统则可以通过“场景控制”功能来实现管理节能，即只要按一个键就可以让系统节能操作。

然而，针对上述智能家居系统而言，“绿色节能”并不仅仅指在产品材料上的控制能耗，更重要的是要实现系统管理上的节能，即通过使用智能家居系统去转变和改善人们的生活方式、习惯，从而在日常生活中实现“绿色节能”。

知识点

**交换机**

交换机是一种用于电信号转发的网络设备。它可以为接入交换机的任意两个网络节点提供独享的电信号通路。最常见的交换机是以太网交换机。其他常见的还有电话语音交换机、光纤交换机等。根据工作位置的不同，交换机可以分为广域网交换机和局域网交换机。

延伸阅读

**智能建筑的兴起**

1984 年 1 月，美国联合科技集团 UTBS 公司对美国康涅狄格州福德市的旧金融大厦改建成都市大厦。这是世界上公认的第一座智能建筑。与传统的建筑不同的是在该大厦中安装了计算机、移动交换机等先进的办公设备和高速信息通信设施，同时大厦的暖通、给排水、防火防盗系统、供配电系统、电梯系统均由计算机控制。这栋大厦除了提供舒适、安全、方便的办公环境外，还具有极高的灵活性和经济性。UTBS 公司根据大厦业主租用的空间来设置程控交换机等设备的规模，用这些设备构成大厦信息与通信的控制中心；它为所有的承租户提供分摊式的租赁服务，同时该公司也负责系统的维护和营运管理。大厦在出租率、投资回收率、经济效益等方面获得了成功。这种新型的大厦很快引起国际建筑界的重视；智能建筑也由此兴起。

## 新能源的开发和利用

传统能源如煤、石油等，对环境污染严重，而且不能再生，因此，科学家们正在研究和开发新能源。新能源是指传统能源之外的各种能源形式。如太阳能、地热能、风能、海洋能、氢能、生物质能和核能等，都是正在积极研究、开发，有待推广的清洁能源。

相对于传统能源，新能源普遍具有污染少、储量大的特点，对于解决当今世界严重的环境污染问题和资源（特别是化石能源）枯竭问题具有重要意义。

## 太阳能的开发利用

太阳对人类而言至关重要。地球大气的循环，昼夜与四季的轮替，地球冷暖的变化都是太阳作用的结果。对于天文学家来说，太阳是唯一能够观测到表面细节的恒星。通过对太阳的研究，人类可以推断宇宙中其他恒星的特性，人类对恒星的了解大部分都来自于太阳。太阳光是地球能量的主要来源。

太阳是人类的“能源之母”

科学家们十分重视太阳能的开发和利用。他们正在研究平板式或聚光式光热能转换装置，以便将太阳能聚集起来用来发电、取暖，用作氢的生产。

1954 年美国发明硅太阳能电池。日本相继研制成功 200 千瓦分散型和 1000 千瓦集中型太阳能发电装置。1981 年在香川县成功地实现了 1000 千瓦太阳能发电，这是世界首创。它进一步促进了太阳能发电的设计、运转技术等的研究。另外，各国还利用太阳能取暖，制造了太阳能热水器、太阳能蒸馏器、太阳灶等。

值得注意的是，美、日、欧、俄等科学家正在研究太空发电，在太空建造几十个曼哈顿地区那么大的太阳能收集器，将太阳光用微波束传回地面。地球上设置巨大的天线场，用来接收微波束，并把它再变成电，输送到供电网。

1993 年 2 月 4 日俄罗斯进行的“太空镜”向地球反射太阳光的实验获得成功，人造月亮已成为可能。

目前，世界各国都在大力研究新型太阳能电池，提高光电转换率，使太阳能的开发利用进一步深化。太阳能的开发方兴未艾，研制出的太阳能新产品层出不穷。例如，英国成功研制一种太阳能冰箱，装有 9 块吸热板，晴天时它可以向冰箱的蓄电池充电，1 天的充电量足够冰箱使用 5 天。瑞士发明了一种太阳能热水瓶，仅重 400 克，通过装在瓶底部的像镜子似的折叠铝叶板吸收太阳能，用来烧开水。有阳光时，烧一瓶水仅需要半小时左右。

对太阳能这种新能源的开发利用，目前刚刚开始。但随着科学技术的发展和对清洁能源的需求，太阳能的开发利用也将掀开新的一页。

（1）太阳能电站

通常人们所说的太阳能电站，指的是太阳能热电站。这种发电站先将太阳光转变成热能，然后再通过机械装置将热能转变成电能。

太阳能电站

太阳能电站能量转换的过程是：利用集热器（聚光镜）和吸热器（锅炉）把分散的太阳辐射能汇聚成集中的热能，经热换器和汽轮发电机把热能变成机械能，再变成电能。它与一般火力发电厂的区别在于，其动力来源不是煤或燃油，而是太阳的辐射能。一般来说，太阳能电站多数在地面上设置许多聚光镜，以不同角度和方向把太阳光收集起来，集中反射到一个高塔顶部的专用锅炉上，使锅炉里的水受热变为高压蒸汽，用来驱动汽轮机，再由汽轮机带动发电机发电。

另外，太阳能电站的独特之处还在于电站内设有蓄热器。当用高压蒸汽推动汽轮机转动的同时，通过管道将一部分热能储存在蓄热器中。如果在阴天、雨天或晚上没太阳时，就由蓄热器供应热能，以保证电站连续发电。世界上第一座太阳能热电站，是建在法国的奥德约太阳能热电站。这座电站当时的发电能力仅为 64 千瓦，但它却成为以后太阳能热电站的建立和发展的先导。

塔式太阳能热电站

1982 年，美国建成了一座 1000 万千瓦的塔式太阳热中间试验电站。由于光热转换器（聚光器）需要占据较大的空间采光受热，设备偏大，以美国在加利福尼亚州计划建一座1万千瓦发电设备为例，集光装置达40万平方米，200万千瓦，则需占地50平方千米。据估计，大型太阳能发电站效率仅为30%左右。另外，太阳能发电站还需要有应付晚上和阴天用电需要的蓄电器，而所需的聚光器造价也较昂贵，发电经济性差，因此，影响了广泛的推广和应用。

太阳能热电站不足之处在于：①需要占用很大地方来设置反光镜；②它的发电能力受天气和太阳出没的影响较大。虽然热电站一般都安装有蓄热器，但不能从根本上消除影响。因此，人们设想把太阳能热电站搬到宇宙空间去，从而使其连续不断地发电，更好地满足人们生活的需要。

利用太阳能发电的方式很多，太阳能气流发电比较新鲜。由于这种电站有一个高大的“烟囱”，所以也被称做“太阳能烟囱电站”。

太阳能电站既不烧煤，也不用油，所以这个“烟囱”并非是用来排烟的，而是用它来抽吸空气，所以确切点说应称其为“太阳能气流电站”。

太阳能烟囱

太阳能气流电站的中央，竖立着一个用波纹薄钢板卷制而成的大“烟囱”，在“烟囱”的周围，是巨大的环形曲面半透明塑料大棚，在“烟囱”底部装有汽轮发电机。当大棚内的空气经太阳曝晒后，其温度比棚外空气高约20℃。由于空气具有热升冷降的特点，再加上大“烟囱”向外排风的作用，就使热空气通过“烟囱”快速地排出去，从而驱动设在“烟囱”底部的汽轮发电机发电。

由于太阳能气流电站占地较大，所以气流电站一般要建在阳光充足、地面开阔的沙漠地区。另外，塑料大棚内的地方很大，温度又较高，可用作暖房，种植蔬菜和栽培早熟的农作物。

太阳能气流电站的建造成功，是人类利用太阳能的技术的成熟，并为利用和改造沙漠创造了良好的条件。

(2) 太阳能热管

热管通常又叫真空集热管，它在结构上与我们平常所用的热水瓶相似，但热水瓶只能用来保温，而太阳能热管却能巧妙地吸收太阳的热能，即使阳光很微弱，它也能达到较高的温度，比一般太阳能集热器的本领强多了。

太阳能集热管

热管之所以有这么大的本领，主要是因为它的结构较特殊，能充分地吸热和保温。热管有一个透明的玻璃管壳，里面密封着能装液体或气体的吸热管，两管之间抽成真空。这样，在吸热管周围形成了性能良好的真空绝热层，这和热水瓶胆的内外层之间保持真空的原理是一样的，都是为了防止热量散失出去。吸热管的材料可以是金属，也可以是玻璃，在它的外表面涂有选择性的吸热涂层。当阳光照在热管上，吸热管的涂层就能大量吸收光能，并将光能转变成热能，从而使吸热管内装的液体或气体的温度升高。

热管的特殊结构使它一方面通过吸热管外壁上的涂层尽可能吸收更多的阳光，并及时转变成热能；另一方面，在能量吸收和转换中最大限度地减少热量损失。也就是说，它用抽真空等办法堵死了热量散失的一切渠道。因此，在阳光很微弱的情况下，热管也能将阳光巧妙地集聚和保存起来，从而达到较高温度。

太阳能热管集热性能好，拆装方便，使用寿命也长，因而应用很广。它可以单个使用。如用在太阳能灶上，代替平板式集热器；也可根据需要，用串联或并联的方式将几十支热管装在一起使用。此外，热管还广泛用于海水淡化、采暖、空调制冷、烹调和太阳能发电等许多方面，是一种环保节能的太阳能器具。

（3）太阳池发电

太阳池是一种盐水池。盐水沿池深具有一定的浓度阶梯度。池表面的水是清水，向下浓度逐渐增大，池底接近饱和溶液。由于盐水自下而上的浓度阶梯度，下层较浓的盐水比较重，因此可阻止或消减由于池中温度梯度引发的池内液体自然对流，从而使池水稳定分层。在太阳辐射下池底的水温升高，形成温度高达90℃左右的热水层，而上层清水层则成为一层有效的绝热层。同时，由于盐溶液和池周围土壤的热容量大，所以太阳池具有很大的储热能力。这就是太阳池蓄热池的基本原理。

目前，世界上许多国家对太阳池发电都很感兴趣，因为它提供了开发利用太阳能的新途径，而且这种发电方式也比其他利用太阳能的方法优越。同各种应用太阳能的技术相比，太阳池发电的最突出优点是构造简单，生产成本低；太阳池发电只要一处浅水池和发电设备即可。另外，它能将大量的热贮存起来，可以常年不断地利用阳光发电。因此，太阳池发电是所有太阳能应用中最为廉价和便于推广的一种技术。

目前，澳大利亚已建成一个面积为3000平方米的太阳池，该站主要为偏僻地区供电，并可进行海水淡化和温室供暖等。日本农林水产省土木试验场已建成8平方米、深2.5～3米的太阳池，用来为温室栽培和水产养殖提供热能。

在太阳池发电的推广使用中，人们担心的盐水会从池底薄膜破裂的地方流出来，并污染水池下面的土壤。但是实践证明这种担心是多余的，薄膜的防渗漏性能很好，没有产生上述污染问题。太阳池发电所需要的大量盐，可以利用太阳池的热能去带动海水淡化装置来解决。目前，太阳池在供热和发电方面还存在一些不足之处。不过，但随着科学技术的进步，太阳池发电将很快作为一种廉价的电源得到普遍应用。

（4）太阳能电池

要将太阳向外辐射的大量光能转变成电能，就需要采用能量转换装置。

太阳能电池组

太阳能电池就是一种把光能变成电能的能量转换器。它是利用“光生伏打效应”原理制成的。光生伏打效应是指半导体由于吸收光子而产生电动势的现象，是当半导体受到光照时，物体内的电荷分布状态发生变化而产生电动势和电流的一种效应。单个太阳能电池不能直接作为电源使用。在实际应用中都是将几片或几十片单个的太阳能电池串联或并联起来，组成太阳能电池方阵，以获得足够多的电能。

太阳能电池的效率较低、成本较高，但它可靠性好、使用寿命长、没有转动部件、使用维护方便，这些是其他电池所不及的优点，所以得到了较广泛的推广应用。

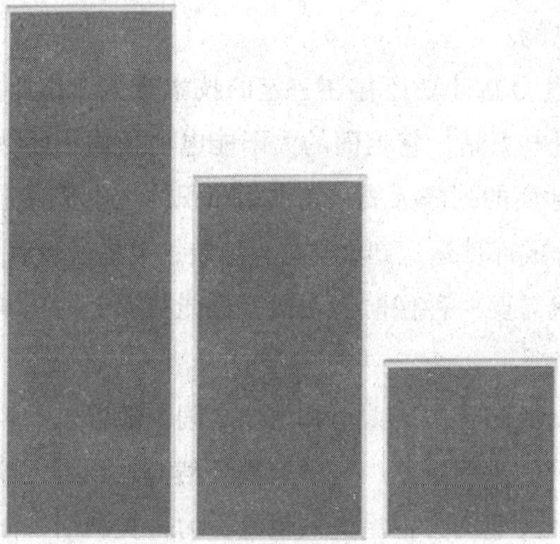

非晶硅太阳能电池组件

在太阳能电池方阵中，为了保证在夜晚或阴雨天时也能连续供电，一般都装有一种储能装置，即蓄电池。这样当太阳光照射时，太阳能电池产生的电能不仅能满足当时的需要，而且还可把一些电能储存于蓄电池内备用。

太阳能电池的应用，也为人造卫星和宇宙飞船探测宇宙空间提供了制作方便、安全可靠的能源。1953 年，美国贝尔电话公司研制成了世界上第一个硅太阳能电池。1958 年，美国发射了第一颗由太阳能供电的“先锋 1 号”卫星。现在，在各种卫星和空间飞行器上都安装了太阳能电池，这是它们能在太空正常工作原因之一。

太阳能电池在电话中也得到了应用。有的国家在公路旁的每根电线杆的顶端，安装了一块太阳能电池板，将阳光变成电能，然后向蓄电池充电，以供应电话机连续用电。人们可随时在公路边打电话，使用非常方便。

在太阳能利用中，在宇宙空间建立太阳能电力站的计划富有挑战性。因为，太阳光穿过大气层到达地球的表面时，已经大大减弱；最后到达地面的阳光，又有 1/3 被反射回空间。因此，在大气层以上接收的太阳能要比在地球上接收的多 4 倍以上。在这种情况下，把太阳能发电站搬到宇宙空间中，以便得到更多的太阳能，这样还能避免地面太阳能电站接收太阳光时断时续的缺点。

要达到这一目的，需要研制一种太阳能动力卫星，并把它发送到距地面 3.5 万多千米的高空，并且与地球在同步的轨道上。在太空中的太阳能动力卫星上装有巨大的太阳能电池板，能把太阳能直接转换成电能，然后再将电能转换成微波束发回地面。地面接收站通过巨型天线，可将太空中的动力卫星送回地面的微波能重新转换成电能。

目前，实现大型太阳能空间电力站计划还存在一定的技术难关。比如，一个发电能力为 1000 万瓦的空间电力站，它上面的太阳能电池板面积已达 64 平方千米；而能把微波发送到地面的列阵天线，其占用面积约达 2 平方千米。此外，巨大的动力卫星需要分成部件运送到太空进行组装；卫星安装后，还需要定期进行保养和检修，这就需要一种像航天飞机一样能往返于地球和太空的运输工具。

现在，担负运输任务的航天飞机已奔忙于太空和地球之间。随着航天技术的飞速发展以及太阳能利用水平的不断提高，科学家满怀信心地预言，21 世纪有可能通过航天飞机将第一个大型动力卫星送入轨道，为人类利用太阳能揭开新的篇章。

知识点

**硅太阳能电池**

太阳能电池主要是以半导体材料为基础，其工作原理是利用光电材料吸收光能后进行光电转换反应。太阳能电池有多种，硅太阳能电池是常见的一种以硅为基体材料的太阳能电池。硅是一种半导体材料。按硅材料的结晶形态，硅太阳能电池可分为单晶硅太阳能电池、多晶硅太阳能电池和非晶硅太阳能电池。

延伸阅读

**太阳能发电方式**

太阳能发电有两种方式，一类是利用太阳光发电，也称太阳能光发电；另一类是利用太阳热发电，也称太阳能热发电。

太阳能光发电是将太阳能直接转变成电能的一种发电方式。它包括光伏发电、光化学发电、光感应发电和光生物发电四种形式。太阳能热发电是先将太阳能转化为热能，再将热能转化成电能。它有两种转化方式：一种是将太阳热能直接转化成电能，如半导体或金属材料的温差发电、真空器件中的热电子和热电离子发电、碱金属热电转换，以及磁流体发电等，另一种方式是将太阳热能通过热机（如汽轮机）带动发电机发电，与常规热力发电类似，只不过是其热能不是来自燃料，而是来自太阳能。

## 风能的开发利用

风是地球上的一种自然现象，它是由太阳辐射热引起的。太阳照射到地球表面，地球表面各处受热不同，产生温差，从而引起大气的对流运动形成风。风能就是空气的动能，风能的大小决定于风速和空气的密度。在到达地球的太阳辐射能中，约有 20% 被地球大气层所吸收，其中只有很小的一部分被转化为风能，虽然只不过是很小的一部分，但也相当于 10800 亿吨煤所储藏的能量。

风能可以通过风车来提取。当风吹动风轮时，风力带动风轮绕轴旋转，使得风能转化为机械能。风能的大小和风速有关，风速越大，风所具有的能量就越大。通常，风速为 8～10 米/秒的 5 级风，可使小树摇摆，水面起波，吹到物体表面的力，每平方米面积上达 10 千克；风速 20～24 米/秒的 9 级风，可以使平房屋顶和烟囱受到破坏，吹到物体表面的力，每平方米面积上达 50 千克；风速为 50～60 米/秒的台风，对于每平方米物体表面的压力，高达 200 千克。整个大气中总风力的 1/4 在陆地上空，而近地面层每年可供利用的风能，约相当于 500 万亿千瓦时的电力。可见，发展风能对缓解地球资源紧张的局面有一定的帮助。

欧洲风车

人类对于风能的利用是比较早的。早在公元前一二千年，我国就已开始使用风车，利用风力提水、灌溉、磨面、舂米，用风帆推动船舶前进。宋代是我国应用风车的全盛时代。当时流行的垂直轴风车，一直沿用至今。

在国外，公元前 2 世纪，古波斯人就利用垂直轴风车碾米。10 世纪伊斯兰人用风车提水，11 世纪风车在中东已获得广泛的应用。13 世纪风车传至欧洲，14 世纪已成为欧洲不可缺少的原动机。在荷兰，风车先用于莱茵河三角洲湖地和低湿地的汲水，以后又用于榨油和锯木。只是由于蒸汽机的出现，才使欧洲风车数目急剧下降。

19 世纪末，人们开始研究风力发电。1891 年丹麦建造了世界上第一座试验性的风能发电站。20 世纪 30 年代，丹麦、瑞典、苏联和美国应用航空工业的旋翼技术，成功地研制了一些小型风力发电装置。这种小型风力发电机，广泛在多风的海岛和偏僻的乡村使用，它所获得的电力成本比小型内燃机的发电成本低得多。不过，当时的发电量较低，大都在 5 千瓦以下。

1978 年 1 月，美国在新墨西哥州的克莱顿镇建成的 200 千瓦风力发电机，其叶片直径为 38 米，发电量足够 60 户居民用电。而 1978 年初夏，在丹麦日德兰半岛西海岸投入运行的风力发电装置，其发电量则达 2000 千瓦，风车高 57 米，所发电量的 75% 送入电网，其余供给附近的一所学校用。

1979 年上半年，美国在北卡罗来纳州的蓝岭山，又建成了一座电用的风车。这个风车有 10 层楼高，风车钢叶片的直径 60 米；叶片安装在一个塔型建筑物上，因此风车可自由转动并从任何一个方向获得电力；风力时速在 38 千米以上时，发电能力也可达 2000 千瓦。由于这个丘陵地区的平均风力时速只有 29 千米，因此风车不能全部运动。据估计，即使全年只有一半时间运转，它就能够满足北卡罗来纳州 7 个县 1% ~2% 的用电需要。

风力发电机

美国曾是世界上最大的风力发电生产国，其生产的风能电力曾约占世界的85%。丹麦是世界上第二大风能生产国，1990年其风轮机发电，占其电力总产量的2%。在日本，1991年10月轻津海峡青森县的日本最大的风力发电站投入运行，5台风力发电机可为700户家庭提供电力。我国的风能资源非常丰富。据计算，全国风能资源总储量约为每年16亿千瓦。我国现在最大的风力发电站，是1983年建造在浙江泗礁岛上的40千瓦风力发电站，现已并网发电。

根据我国风能资源分布情况和当前的技术条件，开发利用风能的重点将放在内蒙古、东北、西北、西藏和东南沿海以及岛屿、高山、风口等风能资源丰富的地区。在年平均风速超过6米/秒的地区，特别是电网很难覆盖的牧区、海岛和高山边远地区，开发利用风能资源更具有现实意义。

海上风力发电机组

海上有丰富的风能资源和广阔平坦的区域，使得近海风力发电技术成为近来研究和应用的热点。多兆瓦级风力发电机组在近海风力发电场的商业化运行是国内外风能利用的新趋势。随着风力发电的发展，陆地上的风机总数已经趋于饱和，海上风力发电场将成为未来发展的重点。我国海上风能资源储量远大于陆地风能，储量10米高度可利用的风能资源超过7亿千瓦，而且距离电力负荷中心很近，我国计划大规模建造水上风力发电站，这些海上风力发电站可能建在巨大的浮体上，也可能深入水下建在大陆架上。鉴于海面上风力通常比地面上大，因此海上风力发电更具有发展前景。

## 知识点

### 高气压

高气压简称“高压”，指在同一高度上，中心气压高于四周的大气涡旋。其中气压最高的地点，叫作“高气压中心”。高气压空气自中心向外围流散，因受地球转动的影响，在北半球作顺时针方向流动，在南半球作逆时针方向流动。

## 延伸阅读

### 风速歌

（一）零级风，烟直上；一级风，烟稍偏；二级风，树叶响；三级风，旗翩翩；四级风，灰尘起；五级风，起波澜；六级风，大树摇；七级风，行步难；八级风，树枝断；九级风，烟囱塌；十级风，树根拔；十一级，陆罕见；十二级，浪滔天。

（二）0 级烟柱直冲天，1 级青烟随风偏，2 级轻风吹脸面，3 级叶动红旗展，4 级枝摇飞纸片，5 级带叶小树摇，6 级举伞步行艰，7 级迎风走不便，8 级风吹树枝断，9 级屋顶飞瓦片，10 级拔树又倒屋，11、12 陆上很少见。

### 核能的开发利用

核能，又称原子能，是由组成原子核的粒子之间发生的反应释放出的能量。原子能比化学反应中释放的热能要大将近 5000 万倍：铀核裂变的这种原子能释放形式约为 200 000 000 电子伏特（一种能量单位），而碳的燃烧这种化学反应能量仅放出 4.1 电子伏特。核能分为两类：一类叫裂变能，一类叫聚变能。

核能有巨大威力。1 千克铀原子核全部裂变释放出来的能量，约等于

2700吨标准煤燃烧时所放出的化学能。一座100万千瓦的核电站，每年只需25~30吨低浓度铀核燃料，运送这些核燃料只需10辆卡车；而相同功率的煤电站，每年则需要300多万吨原煤，运输这些煤炭，要1000列火车。核聚变反应释放的能量则更巨大。据测算1千克煤只能使一列火车开动8米；1千克裂变原料可使一列火车开动4万千米；而1千克聚变原料可以使一列火车行驶40万千米，相当于地球到月球的距离。

地球上蕴藏着数量可观的铀、钍等核裂变资源，如果把它们的裂变能充分地利用起来，可满足人类上千年的能源需求。在汪洋大海里，蕴藏着20万亿吨氘，它们的聚变能可顶几万亿亿吨煤，可满足人类百亿年的能源需求。

更可贵的是核聚变反应中几乎不存在反射性污染。聚变能称得上是未来的理想能源。核能首先被应用于军事，但很快就建设了不少核电站，实现了对核能的和平利用。

美国核电站

核电站是利用核裂变或核聚变反应所释放的能量产生电能的热力发电厂。由于控制核聚变的技术障碍，目前商业运转中的核能发电厂都是利用核裂变反应而发电。核电站一般分为两部分：利用原子核裂变生产蒸汽的核岛（包括反应堆装置和一回路系统）和利用蒸汽发电的常规岛（包括汽轮发电机系统）。核电站使用的燃料一般是放射性重金属：铀-235、钚。

核能是能源的重要发展方向，在世界能源结构从石油为主向非油能源过渡的时期，在环境保护方面，核电站有两大优点：（1）核能发电不像化石燃料发电那样排放巨量的污染物质到大气中，因此核能发电不会造成空气污染。（2）核能发电不会产生加重地球温室效应的二氧化碳。

核能是未来能源的希望。据国际原子能机构的统计，1999年全世界正在运转的核反应堆电站为436座，总发电能力为3.517亿千瓦，发电量约占世界一次能源构成的8%左右。这些核电站主要分布在美、法、日、英、俄等31个国家和地区。

核聚变的原料是氢、氘和氚。据估计，浩瀚的海水中大约含有23.4万亿吨氘，足够人类使用几十亿年。国际热核实验反应堆如能在未来50年内开发成功，将在很大程度上改变目前世界能源格局，使人类今后将拥有取之不尽、用之不竭的清洁能源。

## 知识点

### 快中子反应堆

快中子反应堆是指没有中子慢化剂的核裂变反应堆。通常的核裂变反应堆，为了提升核燃料的链式裂变反应的效率，需要将裂变产生的高速中子（即快中子）减速变为速度较慢的中子（即热中子），通常加入较轻的原子核构成的中子慢化剂，比如轻水，重水等等，利用里面的氢原子作为高速中子碰撞减速的中子慢化剂。

## 延伸阅读

### 海洋的核资源

核能是人类摆脱能源危机的新能源之一。目前人们开发核能有两条途径：一是重元素的裂变，如铀的裂变；二是轻元素的聚变，如氘、氚、锂等。重元素的裂变技术，已得到实际性的应用；而轻元素聚变技术，正在积极研制之中。但是无论是重元素铀，还是轻元素氘、氚，在陆地的储量很有限，在海洋中却有相当巨大的储藏量。拿铀的储量来说，据估计，海水中溶解的铀的数量可达45亿吨，相当于陆地总储量的几千倍。如果能将海水中的铀全部提取出来，所含的裂变能可保证人类几万年的能源需要。不过，到目前为止，从海水中含铀的技术还不够成熟，随着科技的进一步发展，这一技术将逐渐成熟。

氘和氚是氢的同位素。它们的原子核可以在一定的条件下，互相碰撞聚合成较重的原子核——氦核，同时释放巨大的核能。一个碳原子完全燃烧生成二氧化碳时，只放出4电子伏特的能量，而氘－氚反应时能放出1780万电子伏特的能量。据计算，1千克氢燃料，至少可以抵得上4千克铀燃料或1万吨优质煤燃料。计算结果表明，每升海水中含有0.03克氘。这0.03克氘聚变时释放出采的能量相当于300升汽油燃烧的能量。海水的总体积为13.7亿立方千米，共含有几亿亿千克的氘。这些氘的聚变所释放出的能量，足以保证人类上百亿年的能源消耗。还有氘的提取方法简便，成本较低。核聚变堆的运行也是十分安全的。因此，海水中的氘、氚的核聚变就能解决人类未来的能源需要问题。氘－氚的核聚变反应，需要在上千万乃至上亿℃的高温条件下进行。这样的反应已经在氢弹上得以实现。用于生产目的的受控热核聚变在技术上还有许多难题。随着科学的发展和社会的进步，这些难题是会得到圆满解决的。

## 生物质能的开发利用

生物质能是绿色植物通过叶绿素将太阳能转化为化学能存储在生物质内部的能量，是太阳能以化学能形式存储在生物质中的能量。生物质能可转化为常规的固态、液态和气态燃料，取之不尽、用之不竭的，是一种可再生能源。

依据来源的不同，可以将适合于能源利用的生物质能源分为林业资源、农业资源、生活污水和工业有机废水、城市固体废物和畜禽粪便等五大类。

林业生物质能资源是指森林生长和林业生产过程提供的生物质能源，包括薪炭林以及在森林抚育和间伐作业中的零散木材、残留的树枝、树叶和木屑等；木材采运和加工过程中的枝丫、锯末、木屑、梢头、板皮和截头等；林业副产品的废弃物，如果壳和果核等。

农业生物质能资源是指农业作物（包括能源作物）；农业生产过程中的废弃物，如农作物收获时残留在农田内的农作物秸秆（玉米秸、高粱秸、麦秸、稻草、豆秸和棉秆等）；农业加工业的废弃物，如农业生产过程中剩余的稻壳等。能源植物泛指各种用以提供能源的植物，通常包括草本能源作物、油料作物、制取碳氢化合物植物和水生植物等几类。

农作物秸秆

生活污水主要由城镇居民生活、商业和服务业的各种排水组成，如冷却水、洗浴排水、盥洗排水、洗衣排水、厨房排水、粪便污水等。工业有机废水主要是酒精、酿酒、制糖、食品、制药、造纸及屠宰等行业生产过程中排出的废水等，其中都富含有机物。

城市固体废物主要是由城镇居民生活垃圾，商业、服务业垃圾和少量建筑业垃圾等固体废物构成。其组成成分比较复杂，受当地居民的平均生活水平、能源消费结构、城镇建设、自然条件、传统习惯以及季节变化等因素影响。

畜禽粪便是畜禽排泄物的总称，它是其他形态生物质，主要是粮食、农作物秸秆和牧草等的转化形式，包括畜禽排出的粪便、尿及其与垫草的混合物。

生物质能是一种大有前景的环保新能源。根据我国经济社会发展需要和生物质能利用技术状况，重点发展生物质发电、沼气、生物质固体成型燃料和生物液体燃料。预计到 2020 年，生物质发电总装机容量达到 3000 万千瓦，生物质固体成型燃料年利用量达到 5000 万吨，沼气年利用量达到 440 亿立方米，生物燃料乙醇年利用量达到 1000 万吨，生物柴油年利用量达到 200 万吨。

（1）生物质发电

生物质发电包括农林生物质发电、垃圾发电和沼气发电。建设重点为：

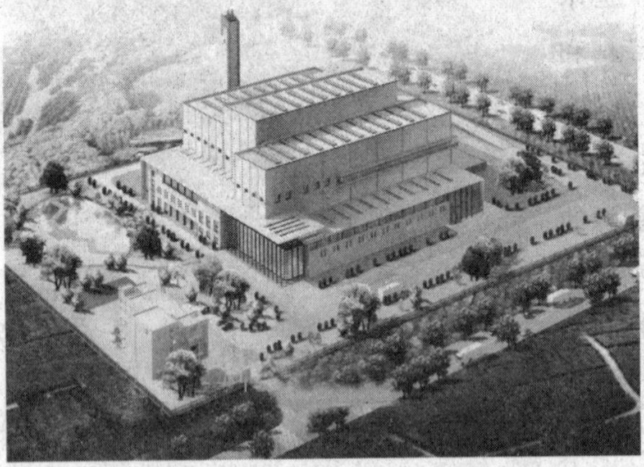

垃圾发电厂效果图

①在粮食主产区建设以秸秆为燃料的生物质发电厂，或将已有燃煤小火电机组改造为燃用秸秆的生物质发电机组。在大中型农产品加工企业、部分林区和灌木集中分布区、木材加工厂，建设以稻壳、灌木林和木材加工剩余物为原料的生物质发电厂。

②在规模化畜禽养殖场、工业有机废水处理和城市污水处理厂建设沼气工程，合理配套安装沼气发电设施。

③在经济较发达、土地资源稀缺地区建设垃圾焚烧发电厂，重点地区为直辖市、省级城市、沿海城市、旅游风景名胜城市、主要江河和湖泊附近城市。积极推广垃圾卫生填埋技术，在大中型垃圾填埋场建设沼气回收和发电装置。

（2）开发利用生物质固体成型燃料

生物质固体成型燃料

生物质固体成型燃料是指通过专门设备将生物质压缩成型的燃料，储存、运输、使用方便，清洁环保，燃烧效率高，既可作为农村居民的炊事和取暖燃料，也可作为城市分散供热的燃料。

生物质固体成型燃料的生

产包括两种方式：①分散方式，在广大农村地区采用分散的小型化加工方式，就近利用农作物秸秆，主要用于解决农民自身用能需要，剩余量作为商品燃料出售；②集中方式，在有条件的地区，建设大型生物质固体成型燃料加工厂，实行规模化生产，为大工业用户或城乡居民提供生物质商品燃料。

（3）开发利用生物质燃气

生物质燃气充分利用沼气和农林废弃物气化技术提高农村地区生活用能的燃气比例，并把生物质气化技术作为解决农村废弃物和工业有机废弃物环境治理的重要措施。

在农村地区主要推广户用沼气，特别是与农业生产结合的沼气技术；在中小城镇发展以大型畜禽养殖场沼气工程和工业废水沼气工程为气源的集中供气。

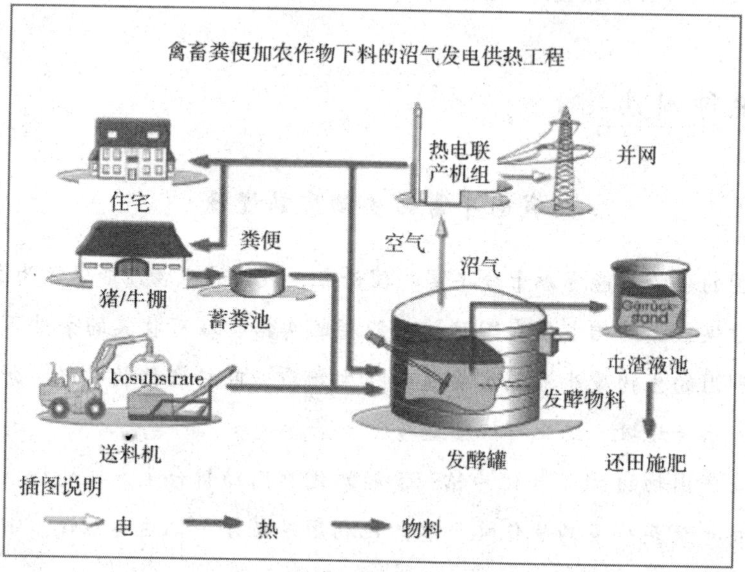


沼气发电供热图

知识点

### 沼气

沼气是指有机物质在一定温度、湿度、酸碱度和隔绝空气的条件下，经各种微生物发酵及分解作用而产生的一种以甲烷为主要成分的混合可燃气体。由于这种气体最先是在沼泽中发现的，所以称为沼气。沼气是多种气体的混合物，一般含甲烷50%～70%，剩下的为二氧化碳和少量的氮、氢和硫化氢等。沼气除直接燃烧用于做饭、烘干农副产品、供暖、照明和气焊等外，还可作内燃机的燃料以及生产甲醇、四氯化碳等化工原料。经沼气装置发酵后排出的料液和沉渣，含有较丰富的营养物质，可用作肥料和饲料。

延伸阅读

### 我国丰富的生物质能资源

我国的生物质能资源十分丰富。理论上，我国的生物质能资源为50亿吨左右标准煤，大约相当于我国目前总能耗的4倍。在可收集的条件下，我国目前可利用的生物质能资源主要是传统生物质，包括农作物秸秆、薪柴、禽畜粪便、生活垃圾、工业有机废渣与废水等。

农业产出物的51%转化为秸秆，能源化利用约折合1.5亿吨标准煤；林业废弃物年可获得量约9亿吨，能源化利用约折合2亿吨标准煤。畜禽养殖和工业有机废水理论上可年产沼气约800亿立方米。

## 氢能的开发利用

氢能是氢的化学能，是通过氢气和氧气反应所产生的能量。氢具有高挥发性、高能量，可以作为燃料使用，在工业生产中有广泛的应用。

利用氢气燃料做动力的火箭

氢能在21世纪有可能在世界能源舞台上成为一种举足轻重的二次能源。其主要优点有：燃烧热值高，每千克氢燃烧后的热量，约为汽油的3倍、酒精的3.9倍、焦炭的4.5倍。氢燃烧的产物是水，因而是世界上最干净的能源。另外，氢气可以由水制取，而水是地球上最为丰富的资源。

随着化石燃料耗量的日益增加，其储量日益减少，最终会枯竭，这就迫切需要找到一种不依赖化石燃料的、储量丰富的新的新能源。而无论从哪方面来看，氢能无疑符合人们心目中对新能源的看法。

宝马氢能汽车

实际上，早在多年前人类对氢能应用就产生了兴趣。20世纪70年代以来，世界上许多国家和地区就广泛开展了氢能研究。1970年，美国通用汽车公司的技术研究中心就提出了“氢经济”的概念。1976年美国斯坦福研究院开展了“氢经济”的可行性研究。20世纪90年代中期以来，“氢经济”更是吸引了全世界的目光。氢能作为一种清洁、高效、安全、可持续的新能源，被视为21世纪最具发展潜力的清洁能源，是人类的战略能源发展方向。世界各国如美国、德国、日本等国家之间在氢能交通工具的商业化的方面已经出现了激烈的竞争。虽然氢能的其他利用形式也具有可行性（例如氢能在取暖、烹饪、发电、航行器、机车等方面的应用），但氢能在小汽车、卡车、公共汽车、出租车、摩托车和商业船上的应用已经成为焦点，这方面的竞争尤其激烈。我国对氢能的研究与发展可以追溯到20世纪60年代初。当时，我国科学家为发展本国的航天事业，对作为火箭燃料的液氢的生产、燃料电池的研制与开发进行了大量而有效的工作。将氢作为能源载体和新的能源系统进行开发，则是从20世纪70年代开始的。现在，为进一步开发氢能，推动氢能利用的发展，氢能技术已被列入《2015年远景规划》。

随着制氢技术的进一步提高，氢能利用必将进入千家万户。首先是应用在发达的大城市。它可以像输送城市煤气一样，通过氢气管道送往千家万户。每个用户则采用金属氢化物贮罐将氢气贮存，然后分别接通厨房灶具、浴室、氢气冰箱、空调机等。一条氢能管道完全可以代替煤气、暖气，甚至电力管线，这样方便的氢能系统将给人们创造舒适的生活环境，更重要的是它的应用可以大大减轻对环境的污染。

氢燃料电池技术，一直被认为是利用氢能解决未来人类能源危机的终极方案。20世纪60年代，氢燃料电池就已经成功地应用于航天领域。往返于太空和地球之间的“阿波罗”飞船就安装了这种体积小、容量大的装置。进入20世纪70年代以后，随着人们不断地掌握多种先进的制氢技术，很快，氢燃料电池就被运用于发电和汽车。

氢燃料电池用于发电基于这样一个现状：大型电站，无论是水电、火电或核电，都是把发出的电送往电网，由电网输送给用户。但由于各用电户的负荷不同，电网有时呈现为高峰，有时则呈现为低谷，这就会导致停电或电压不稳。另外，传统的火力发电站的燃烧能量大约有70%要消耗在锅炉和汽轮发电机这些庞大的设备上，燃烧时还会消耗大量的能源和排放大量的有害物质。而使用氢燃料电池发电，是将燃料的化学能直接转换为电能，不需要进行燃烧，能量转换率可达60%～80%，而且污染少、噪声小，装置可大可小，非常灵活。因此氢燃料电池用于发电行业的前景被非常看好。

以氢气代替汽油作汽车发动机的燃料，已经过日本、美国、德国等许多汽车公司的试验，技术是可行的。

虽然燃料电池发动机的关键技术基本已经被突破，但是还需要更进一步对燃料电池产业化技术进行改进、提升，使产业化技术成熟。

它的好处有很多，氢燃料电池车也就是在此基础上应运而生的。随着中国经济的快速发展，汽车工业已经成为中国的支柱产业之一。与此同时，汽车燃油消耗也在急剧攀升。在能源供应日益紧张的今天，发展新能源汽车迫在眉睫。用氢能作为汽车的燃料无疑是一种良好的选择。

## 知识点

### 二次能源

二次能源是相对于一次能源而言的，是指由一次能源经过加工转换以后得到的能源，例如：电力、汽油、柴油、沼气、氢气和焦炭等等。在生产过程中排出的余能，如高温烟气、高温物料热，排放的可燃气和有压流体等，也均属二次能源。二次能源又可以分为“过程性能源”和“含能体能源”。电能就是应用最广的过程性能源，而汽油和柴油是目前应用最广的含能体能源。在一次能源与二次能源转换之间，必定有一定的损耗，这是不可避免的。

## 延伸阅读

### 氢燃料电池车

氢燃料电池是指利用氢元素制造成储存能量的电池。其基本原理是电解水的逆反应，把氢和氧分别供给阴极和阳极，氢通过阴极向外扩散和电解质发生反应后，放出电子通过外部的负载到达阳极。

氢燃料电池车就是以氢燃料为动力的汽车。其工作原理是：将氢气送到燃料电池的阳极板（负极），经过催化剂（铂）的作用，氢原子中的一个电子被分离出来，失去电子的氢离子（质子）穿过质子交换膜，到达燃料电池阴极板（正极），而电子是不能通过质子交换膜的，这个电子，只能经外部电路到达燃料电池阴极板，从而在外电路中产生电流。电子到达阴极板后，与氧原子和氢离子重新结合为水。由于供应给阴极板的氧，可以从空气中获得，因此只要不断地给阳极板供应氢，给阴极板供应空气，并及时把水（蒸气）带走，就可以不断地提供电能。燃料电池发出的电，经逆变器、控制器等装置，给电动机供电，再经传动系统、驱动桥等带动车轮转动，就可使车辆在路上行驶。

与传统汽车相比，氢燃料电池车能量转化效率高达60% －80%，为内燃机的2～3倍。氢燃料电池车的燃料是氢和氧，生成物是清洁的水，因此，不会对环境造成丝毫的污染。

## 地热能的开发利用

地 热

地热能是由地壳抽取的天然热能，这种能量来自地球内部的熔岩，并以热力形式存在，是引致火山爆发及地震的能量。地球内部的温度高达7000℃，而在80～100千米的深度处，温度会降至650℃～1200℃。透过地下水的流动和熔岩涌至离地面1000～5000米的地壳，热力得以被转送至较接近地面的地方。高温的熔岩将附近的地下水加热，这些加热了的水最终会渗出地面。

运用地热能最简单和最合乎成本效益的方法，就是直接取用这些热源，并抽取其能量。地热能是可再生资源。人们在很久以前就利用地热洗澡。1904年意大利在拉特雷洛建立了世界第一座实验性的地热电站。1950年意大利、美国、新西兰等开始进行大规模的地热发电。日本从1925年开始用地热蒸汽发电。1983 年美国、联邦德国、日本在美国新墨西哥州进行联合开发，成功地发现了一块规模宏大的存积层，获得了 3.5 万千瓦的热能。

我国也在西藏羊八井等地兴建了地热发电站。西藏羊八井位于西藏拉萨市西北 90 余千米的当雄县境内。羊八井地热非常丰富，种类多样，规模宏大，有温泉、热泉、沸泉、喷泉孔、热地，热水上升的间歇喷气井、热水塘、热水沼泽等。热田北部地势较高，地下水埋藏较深。南部地势低平，地下水位较高。羊八井地热电厂，是我国目前最大的地热试验基地。

地热能用于采暖、供热和供热水是仅次于地热发电的地热利用方式。因为这种利用方式简单、经济性好，所以备受各国重视，特别是得到位于高寒地区的西方国家的欢迎。在利用地热能方面，冰岛做得最好。早在 1928 年就在首都雷克雅未克建成了世界上第一个地热供热系统，现今这一供热系统已发展得非常完善。由于没有高耸的烟囱，冰岛首都雷克雅未克已被誉为“世界上最清洁无烟的城市”。

此外利用地热给工厂供热，如用作干燥谷物和食品的热源，用作硅藻土生产、木材、造纸、制革、纺织、酿酒、制糖等生产过程的热源也是大有前途的。我国利用地热供暖和供热水发展也非常迅速，在京津地区已成为地热利用中最普遍的方式。

地热能在农业中的应用范围和前景也十分广阔。如利用温度适宜的地热水灌溉农田，可使农作物早熟增产；利用地热水养鱼，在 28℃ 水温下可加速鱼的育肥，提高鱼的出产率；利用地热建造温室，育秧、种菜和养花；利用地热给沼气池加温，提高沼气的产量等。在我国，将地热能直接用于农业已经

地热温室

不是什么新鲜事，北京、天津、西藏和云南等地都建有面积大小不等的地热温室。另外，各地还利用地热大力发展养殖业，如利用地热培养菌种、养殖非洲鲫鱼、鳗鱼、罗非鱼、罗氏沼虾等。

温 泉

地热在医疗领域的应用也被非常看好。目前热矿水就被视为一种宝贵的资源，世界各国都视若珍品。由于地热水从很深的地下提取到地面，除温度较高外，常含有一些特殊的化学元素，从而使它具有一定的医疗效果。如含碳酸的矿泉水用来饮用，可调节胃酸、平衡人体酸碱度；含铁矿泉水饮用后，可治疗缺铁贫血症；氢泉、硫水氢泉洗浴可治疗神经衰弱和关节炎、皮肤病等。由于温泉的医疗作用及伴随温泉出现的特殊的地质、地貌条件，使温泉常常成为旅游胜地，吸引大批疗养者和旅游者。在日本就有1500多个温泉疗养院，每年吸引世界各地的人到这些疗养院休养。我国利用地热治疗疾病的历史悠久，含有各种矿物元素的温泉众多，因此充分发挥地热的医疗作用，发展温泉疗养行业是非常有前景的。

地热能非常洁净，并且储量丰富，取用方便，尽管其开发却需要大量的前期投入，但仍不失为一种有开发前景的洁净能源。

**知识点**

### 地热发电

地热发电是利用地下热水和蒸汽为动力源的一种新型发电技术。其基本原理与火力发电类似，也是根据能量转换原理，首先把地热能转换为机械能，再把机械能转换为电能。

地热发电分为两类，一类是蒸汽型发电，一类是热水型发电。地热蒸汽发电又分为一次蒸汽法和二次蒸汽法两种。

## 延伸阅读

### 世界地热资源分布

世界地热资源主要分布于以下5个地热带：

（1）环太平洋地热带。世界最大的太平洋板块从美国的阿拉斯加、加利福尼亚到墨西哥、智利，从新西兰、印度尼西亚、菲律宾到中国沿海和日本。世界许多地热田都位于这个地热带，如美国的盖瑟斯地热田、墨西哥的普列托、新西兰的怀腊开、中国台湾的马槽和日本的松川、大岳等地热田。

（2）地中海、喜马拉雅地热带。欧亚板块与非洲板块的碰撞边界，从意大利直至中国的滇藏。如意大利的拉德瑞罗地热田和中国西藏的羊八井及云南的腾冲地热田均属这个地热带。

（3）大西洋中脊地热带。大西洋板块的开裂部位，包括冰岛和亚速尔群岛的一些地热田。

（4）红海、亚丁湾、东非大裂谷地热带。包括肯尼亚、乌干达、扎伊尔、埃塞俄比亚、吉布提等国的地热田。

（5）其他地热区。除板块边界形成的地热带外，在板块内部靠近边界的部位，在一定的地质条件下也有高热流区，可以蕴藏一些中低温地热，如中亚、东欧地区的一些地热田和中国的胶东、辽东半岛及华北平原的地热田。

## 海洋能的开发利用

海洋能是由海浪波涛压力、潮汐或海洋温差产生的能量。这些能量以潮汐、波浪、温度差、盐度梯度、海流等形式存在于海洋之中。

潮汐能是因月球引力的变化引起潮汐现象。潮汐导致海水平面周期性地升降，因海水涨落及潮水流动所产生的能量。潮汐来源于月球、太阳的引力，因此是一种可再生的能源。潮汐能的主要利用方式为发电。

潮汐具有巨大的能量

波浪能是指海洋表面波浪所具有的动能和势能。波浪的能量与波高的平方、波浪的运动周期以及迎波面的宽度成正比。实际上，波浪能是由风把能量传递给海洋而产生的，是波浪吸收了风能而形成的能量，它是海洋能源中能量最不稳定的一种能源，具有能量密度高、分布面广等优点，是一种取之不竭的可再生清洁能源。波浪能利用的主要方式是波浪发电。此外，波浪能还可以用于供热、海水淡化以及制氢等。

法国然思河口湾潮汐能发电站

海水温差能属于一种热能。低纬度的海面水温较高，与深层水形成温度差，这样可产生热交换。其能量与温差的大小和热交换水量成正比。温差能的主要利用方式为发电。首次提出利用海水温差发电设想的是法国物理学家阿松瓦尔。1926 年，阿松瓦尔的学生克劳德试验成功海水温差发电。1930 年，克劳德在古巴海滨建造了世界上第一座海水温差发电站，获得了 10 千瓦的功率。温差能利用的最大困难是效率过低，仅有 3% 左右，而且换热面积大，建设费用高。所以，这项技术到目前仍在积极探索中。

盐差能是指海水和淡水之间或两种含盐浓度不同的海水之间的化学电位差能，是以化学能形态出现的海洋能。盐差能主要存在与河海交接处。盐差能是海洋能中能量密度最大的一种可再生能源。我国的盐差能主要集中在各大江河的出海处。目前，总体上，对盐差能这种新能源的研究还处于实验室实验水平，离实际利用有较长的距离。

海水温差发电站

海流能是指海水流动的动能，主要是指海底水道和海峡中较为稳定的流动以及由于潮汐导致的有规律的海水流动所产生的能量。海流能是另一种以动能形态出现的海洋能。海流能的利用方式主要是发电，其原理和风力发电相似。在我国，辽宁、山东、浙江、福建和台湾沿海的海流能较为丰富，具有良好的开发价值。

海洋能的蕴藏量是非常巨大的，据估计有780多亿千瓦，仅潮汐能，全世界可用来发电的就有30亿千瓦。1966年法国首先在其北部兰斯地区建成了一座发电能力为24万千瓦的潮汐发电站。1968年苏联也建成了一座发电能力为40万千瓦的潮汐发电站。据联合国估算，到2020年世界潮汐发电量可达600~900亿千瓦时。

海洋能来源于太阳辐射能与天体间的万有引力。只要太阳、月球等天体与地球共存，这种能源就会再生，就会取之不尽，用之不竭。另外，海洋能属于清洁能源，其应用不会对环境造成污染。

全球海洋能的可再生量很大。据估计，海洋能理论上可再生的总量为766亿千瓦。其中温差能为400亿千瓦，盐差能为300亿千瓦，潮汐和波浪能各为30亿千瓦，海流能为6亿千瓦。

1980年，日本、美国、英国、加拿大和爱尔兰合作研究表明，利用海洋温差进行大规模发电是可能的。1981年，美国、日本进行了较大规模的类似试验。综上所述，世界各国利用海洋能源的技术，除潮汐发电技术外，还处在初级阶段。

知识点

### 潮汐现象

潮汐现象是指海水在天体（主要是月球和太阳）引潮力的作用下所产生的周期性运动。习惯上把海面垂直方向的涨落称为潮汐，而海水在水平方向的流动称为潮流。海洋中，月球的引力使地球的向月面和背月面的水位升高。由于地球的旋转，这种水位的上升以周期为12小时25分和振幅小于1米的深海波浪形式由东向西传播。太阳引力的作用与此相似，但是作用力小些，其周期为12小时。当太阳、月球和地球在一条直线上时，就会产生大潮；当它们成直角时，就产生小潮。根据潮汐周期，潮汐可分为以下三类：（1）半日潮型：一个太阳日内出现两次高潮和两次低潮，前一次高潮和低潮的潮差与后一次高潮和低潮的潮差大致相同，涨潮过程和落潮过程的时间也几乎相等。（2）全日潮型：一个太阳日内只有一次高潮和一次低潮。（3）混合潮型：一月内有些日子出现两次高潮和两次低潮，但两次高潮和低潮的潮差相差较大，涨潮过程和落潮过程的时间也不等；而另一些日子则出现一次高潮和一次低潮。不论那种潮汐类型，在农历每月初一、十五以后两三天内，各要发生一次潮差最大的大潮，那时潮水涨得最高，落得最低。在农历每月初八、二十三以后两三天内，各有一次潮差最小的小潮，届时潮水涨得不太高，落得也不太低。

延伸阅读

### 江厦潮汐电站

江厦潮汐电站是我国第一座双向潮汐电站，位于浙江省温岭市乐清湾北端江厦港。1980年5月第一台机组投产发电。电站安装了6台500千瓦双向灯泡贯流式水轮发电机组，总装机容量3000千瓦，可昼夜发电14~15小时，每年可向电网提供1000多万千瓦时电能。

## 其他新能源的研发

除了这些近几年已广为人知的新能源，还有一些环保能源尚在研究或推广当中。这些能源的应用为缓解能源危机提供了解决办法。

（1）对潜能的研究

科学家们把星星分成恒星、行星、卫星、彗星、流星等。恒星本身发出光和热。太阳也是恒星。由于过去人们认为恒星的位置是固定不动的，所以，把它们叫做恒星。实际上，恒星也在运动。许许多多的恒星组成一个集合体，科学家们把它们称为星系，比如银河系。我们知道，自然界的生物都有生有死，只是各种生物的寿命长短不一样。其实，自然界的物质都在不停地运动着，恒星也不例外，它们也有产生、发展和消亡的过程。

恒星能发出光和热，也是因为它内部的燃料在燃烧。恒星内部通过原子核的聚变反应，产生大量的光和热。当恒星内部的核燃料用完了，它的剩余物质被紧紧地挤在一起，压缩得非常紧密，连光都只能进，不能出，不能离开它们的表面。科学家把这种剩余物质叫做黑洞。恒星老了，衰退了，收缩成黑洞。黑洞有巨大的吸引力，如果宇宙飞船、航天飞机飞过黑洞，就会立刻消失。凡是在黑洞附过的物质都被它吸进去，消失得无影无踪。

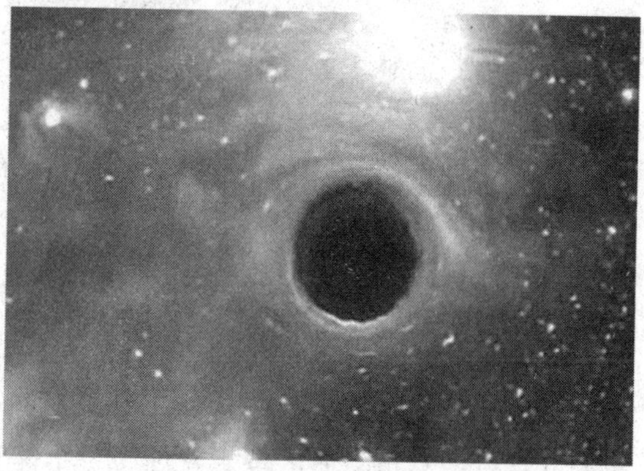

宇宙黑洞想象图

黑洞似乎很可怕，可是，经过科学家们的研究，找到了一种开发和利用黑洞的能量的方法：把生产原子能的核反应堆放到黑洞里去。人们把核燃料发射到黑洞里，由黑洞内巨大的引力压缩核燃料，迫使其实现核聚变反应，释放巨大的能量，人造卫星电站接收能量反射到地面。科学家把这种能量称作潜能。

潜能的开发利用，是一项艰巨的星际工程。人类需要付出的代价难以计算，但是这项工程若成功了，可以获得非常巨大的能量，供人类开发和利用。

（3）对可燃冰的研究

可燃冰是分布于深海沉积物或陆域的永久冻土中，由天然气与水在高压低温条件下形成的类冰状的结晶物质。因其外观像冰一样而且遇火即可燃烧，所以被称作“可燃冰”或者“固体瓦斯”和“气冰”。可燃冰在低温和高压的条件下呈稳定状态。

可燃冰

可燃冰是20世纪60年代后期在苏联境内的永冻区首先发现的。后来，人们又在危地马拉沿海区域，发现了一个储量相当可观的可燃冰矿。矿体埋于距海底250米深的地层中。

据科学家估计，可燃冰的蕴藏量比目前地球上煤、石油、天然气储量的总和还要多几百倍。据科学家推测，地球上含有可燃冰的面积可能要占海洋面积的9%、陆地面积的25%。此说若属实，可燃冰可是一种引人注目的新能源。

（4）对燃料电池的研究

燃料电池是一种将存在于燃料与氧化剂中的化学能直接转化为电能的发

电装置。燃料电池主要由燃料、氧化剂、电极、电解液组成。可使用氢、甲醇、液氨、烃等燃料。燃料电池和一般电池类似，都是通过电极上的氧化还原反应使化学能转换成电能。燃料和空气分别送进燃料电池，电就被奇妙地生产出来。它从外表上看有正负极和电解质等，像一个蓄电池，但实质上它不能“储电”而是一个“发电厂”。

燃料电池具有不少优点：①能量转化效率高。燃料电池直接将燃料的化学能转化为电能，中间不经过燃烧过程，因而能量转化效率很高。目前燃料电池系统的燃料—电能转换效率在45% ~60%，而火力发电和核电的效率大约在30% ~40%；②有害气体及噪声排放很低，$CO_2$ 排放因能量转换效率高而大幅度降低，无机械振动；③燃料适用范围广；④燃料电池的规模及安装地点灵活，燃料电池电站占地面积小，建设周期短，电站功率可根据需要由电池堆组装，十分方便。燃料电池无论作为集中电站还是分布式电，或是作为小区、工厂、大型建筑的独立电站都非常合适；⑤负荷响应快，运行质量高。燃料电池在数秒钟内就可以从最低功率变换到额定功率，而且电厂离负荷可以很近，从而改善了地区频率偏移和电压波动，降低了现有变电设备和电流载波容量，减少了输变线路投资和线路损失。

美国是世界上发展燃料电池最快的国家。美能源部研制成功一种陶瓷燃料电池。这种电池将液体或气体燃料放在2块波纹状陶瓷片里面，使燃料同氧化剂直接进行化学反应产生电流，因而省去了其他燃料电池所需的燃料箱。它同内燃机或其他燃料电池比较，释放的功率高2倍，发电效率达55% ~60%。但这种陶瓷燃料电池目前还没有得到广泛的应用，国际上对燃料电池的研究还在进行中。

（5）对铝—空气电池的研究

铝—空气电池的化学反应与锌—空气电池类似，铝—空气电池以高纯度铝Al（含铝99.99%）为负极、氧为正极，以氢氧化钾（KOH）或氢氧化钠（NaOH）水溶液为电解质。铝摄取空气中的氧，在电池放电时产生化学反应，铝和氧作用转化为氧化铝。铝—空气电池的进展十分迅速，它在EV上的应用已取得良好效果，是一种很有发展前途的空气电池。

铝—空气电池也有很多优点：①体积小。将它用作汽车动力，连同汽车驱动马达也只相当于汽车内燃机加油箱的大小，它所释放的能量是汽油的4倍；②用水省。用它作汽车动力，行驶400千米后才需要加水，因此它特别适宜于干旱地区使用；③使用方便。在使用过程中调换新的铝片电极，只需要几分钟；④没有废气废液，不会引起环境污染。

铝—空气电池的用途十分广泛，因此有着十分广阔的前景。它除了作为汽车动力外，世界各国已成功研制多种小功率铝—空气电池，应用于野营炊具、收音机、紧急照明灯、钻机、电焊机等小型设备上。美国海军科技人员研制的一种用于海上照明的铝—空气电池很是实用，只要把铝板浸到海水里，电池就会源源不断地为人们输送出廉价电能。挪威制造的功率为120瓦的铝—空气电池已作为边远地区通信站的电源使用，有很高的实用价值和经济效益。

不过，铝—空气电池，目前还无法获得广泛应用，主要的原因在于它的功率不大。科学家已研制生产的最大的铝—空气电池也只有500瓦，这个成本是很高的。但是，作为一种廉价的洁净能源能源，它的应用前景很广阔。

知识点

### 热核反应

热核反应即核聚变反应，是指由质量小的原子，主要是指氘或氚，在一定条件下（通常是超高温和高压），发生原子核互相聚合作用，生成新的质量更重的原子核，并伴随着巨大的能量释放的一种核反应形式。原子核中蕴藏巨大的能量，一种原子核变化为另外一种原子核往往伴随着巨大能量的释放。如果是由重的原子核变化为轻的原子核，就叫核裂变。原子弹爆炸就是一种核裂变。如果是由轻的原子核变化为重的原子核，就叫核聚变。太阳发光发热就是一种核聚变。

## 延伸阅读

### 海底“可燃冰”的主要分布

可燃冰又叫天然气水合物。世界上海底可燃冰主要分布在大西洋海域的墨西哥湾、加勒比海、南美东部陆缘、非洲西部陆缘和美国东海岸外的布莱克海台等；西太平洋海域的白令海、鄂霍茨克海、千岛海沟、冲绳海槽、日本海、日本南海海槽、苏拉威西海和新西兰北部海域等；东太平洋海域的中美洲海槽、加利福尼亚滨外和秘鲁海槽等；印度洋的阿曼海湾；南极的罗斯海和威德尔海，北极的巴伦支海和波弗特海以及大陆内的黑海与里海等。

# 善待自然，倡导低碳绿色生活

SHANDAI ZIRAN CHANGDAO DITAN LUSE SHENGHUO

人类要清醒地认识到自身在大自然中的地位，要知道人绝不是大自然的主宰，而是大自然的一分子。人与环境的关系应该是和谐地相处、积极地发展，才能使人与环境长期共存。人类要尊重大自然，遵循自然规律，与大自然协调发展。保护环境，善待自然，可以从节约一滴水、一度电做起。低碳生活是一种时尚的生活方式，过去是，现在是，将来也是。只有人类自身做到了善待自然，大自然才会反过来善待人类。环境保护之路，就在脚下；保护环境，你我有责。

## 平等地对待生命

地球生态系统是一个交融互涉、互相依存的系统。在整个自然界中，无论海洋、陆地和空中的动植物，乃至各种无机物，均为地球这一“整体生命”不可分割的部分。作为自组织系统，地球虽然有其遭受破坏后自我修复的能力，但它对外来破坏力的忍受终究是有极限的。对地球生态系统中任何部分的破坏一旦超出其忍受值，便会环环相扣，危及整个地球生态，并最终祸及包括人类在内的所有生命体的生存和发展。因此，在生态价值的保存中首要的是必须维持它的稳定性、整合性和平衡性。

地球生态系统中的所有生命物种都参与了生态进化的过程，并且具有它们适合环境的优越性和追求自己生存的目的性；它们在生态价值方面是平等的。因此，人类应该平等地对待它们，尊重它们的自然生存权利。这方面，人类应该放弃自以为高于或优于其他生物而“鄙视”较“低”等生物的看法。相反，人类作为自然进化中最为晚出的成员，其优越性是建立在其具有道德与文化之上的。人类特有的这种道德与文化能力，不仅意味着人类是自然生态系统中迄今为止能力最强的生命形式，同时也是评价性能力发展得最好的生命形式。

从环境伦理来看，人类的伦理道德意识不只表现在爱同类，还表现在平等地对待众生万物和尊重它们的自然生命权利。著名学者史怀哲说：“伦理存在于这样的观念里：我体验到必须身体力行地去尊重有生存意志的生命，就像尊重自己的生命一样。在这里面我已经有了道德所需的基本原则。保有、珍惜生命是善；摧毁、遏阻生命是恶。”

平等对待众生万物，并不意味着抹杀它们之间的差别，而是平等地考虑到所有生命体（所有生物都被考虑到了）的生态利益。由于每一种生命物种在自然进化阶梯中位置的不同，它们的要求与利益也不一样。在对待不同的生物物种时，我们可以而且应该采取区别对待原则，这时候，我们所考虑的是它们利益的不平等。比如说，饮食对于麋鹿和人都有利益，但学习识字对于麋鹿没有利益，对人却有。因此，我们给麋鹿提供食物，但不对它进行识字教育。所以说，区别性地对待不同生物不仅许可，而且在道德上是必需的。但这种区别性原则的运用，说到底是由我们要平等地对待所有生命体这一根本原则所决定的。它要求我们不要从狭隘的人类利益的角度，而要从整个自然生态的角度来处理人类与其他生命体的关系。准确地说，我们应该平等地对待同等生物，公正地对待不同等的生物。

在整个自然进化的进程中，人类最有资格和能力担负起保护地球自然生态及维持其持续进化的责任。因为人类是地球进化史上晚出的成员，处于整个自然进化的最高级。惟有人类对整个自然生态系统的这种整体性与稳定性具有理性的认识能力。历史的发展证明，人类的活动可能与自然生态的平衡相适应，也可能会破坏自然的生态平衡。在自然生态系统中，由于人类与自然环境的关系是对立统一的，因此，即便是人类认识到要保育与爱护自然环境，但在历史实践过程中，亦会遇到人类自身利益与生态利益相冲突、人类价值与生态价值不一致的情形。为此，所谓顺应自然的生活，就是要从自然生态的角度出发，将人类的生存利益与生态利益的关系进行协调，尊重自然，尊重生命。

知识点

### 生态价值

生态价值包括人类主体在对生态环境客体满足其需要和发展过程中的经济判断、人类在处理与生态环境主客体关系上的伦理判断，以及自然生态系统作为独立于人类主体而独立存在的系统功能判断。印度加尔各答农业大学德斯教授对一棵树的生态价值进行了计算：一棵50年树龄的树，以累计计算，产生氧气的价值约31200美元；吸收有毒气体、防止大气污染价值约62500美元；增加土壤肥力价值约31200美元；涵养水源价值37500美元；为鸟类及其他动物提供繁衍场所价值31250美元；产生蛋白质价值2500美元。除去花、果实和木材价值，总计创值约196000美元。

延伸阅读

### 史怀哲

史怀哲全名为艾伯特·史怀哲，德国哲学家、神学家、医生、管风琴演奏家、社会活动家、人道主义者，1952年的诺贝尔和平奖获得者。1875年史怀哲出生于德、法边界阿尔萨斯省的一个小城。史怀哲是个全才，精通德、法两种语言，先后获得哲学、神学和医学三个博士学位。1913 年他满情热情地来到非洲行医，在加蓬的兰巴雷内建立了丛林诊所，服务非洲直至逝世(1965 年)，被誉为“非洲之子”。

## 服饰行业与环保

“低碳”是环保人士倡导的一种生活方式，如今，服装也在讲究“低碳”。低碳服装是一个宽泛的服装环保概念，泛指可以让我们每个人在消耗全部服装过程中产生的碳排放总量更低的方法，其中包括选用总碳排放量低的服装，选用可循环利用材料制成的服装，及增加服装利用率、减少服装消耗总量的方法等。

一件衣服从原材料的生产到制作、运输、使用以及废弃后的处理，都在排放二氧化碳并对环境造成一定的影响。相比之下，棉、麻等天然织物不像化纤那样由石油等原料人工合成，因此消耗的能源和产生的污染物相对要少。据英国剑桥大学制造研究所的研究，一件 250 克重的纯棉 T 恤在其“一生”中大约排放 7 千克二氧化碳，是其自身重量的 28 倍。而一条约 400 克重的涤纶裤，这一数据是 47 千克，是其自身重量的 117 倍。

在面料的选择上，大麻纤维制成的布料比棉布更环保。墨尔本大学的研究表明，大麻布料对生态的影响比棉布少 50%。用竹纤维和亚麻做的布料也比棉布在生产过程中更节省水和农药。

随着人们环保意识的增强，天然的布料，如棉、麻、丝绸将成为各类时装最为热门的用料。它们不仅从款式和花色设计上体现环保意识，而且从面料到纽扣、拉链等附件也都采用无污染的天然原料；从原料生产到加工也完全避免使用化学印染原料和树脂等破坏环境的物质，达到环保的要求。

再生衣料，即用旧成衣料经特殊处理后加工制成的衣料开始兴起，而合成纤维，尤其是动物皮革等将被人们视为破坏环境的产品而受到冷落，拒穿皮革服装在很多地方已经成为共识。

洗衣粉是我们在平常做家务劳动时，经常用到的一种洗涤剂。令人惊讶的是据调查研究表明，洗衣粉是造成河水污染的罪魁祸首。

在 1990 年、1994 年和 1995 年，由于太湖底泥中底氨、磷等营养物质的释放，曾发生严重污染事件：无锡梅园水厂一带的水质变劣产生恶臭，水厂停工、市民无水饮用，造成的损失多达数十亿元。昔日碧波荡漾的太湖水变得浑浊发黑、腥臭难闻，让人无法与记忆中所描绘的太湖美景联系到一起。

谁造成水质恶化的罪魁祸首？说来不信！就是我们一直用的洗衣粉！我国市场上的织物洗涤产品大多以聚磷酸盐为辅助剂，其含量大约在 30% ~40%，大量的含磷化合物随着生活污水排放城市下水管网络，最终进入江河湖海。

洗衣后的废水中含有大量的含磷化合物，这样一来就会引起水质恶化。水质磷含量过高，有损人类健康，磷中毒会引起昏迷、惊厥，甚至肝肾心变性致死，这是磷对水的第一次污染。更严重的还是磷对水的第二次污染：磷在水中过量存在造成水体的富营养化，使藻类植物疯长，其繁殖速度呈几何增长，然后在极短时间内死亡，藻类迅速繁殖到快速死亡的恶性循环大量消耗水中的氧气，使水体缺氧发臭，死亡藻类解体后产生较大毒性。对此，自来水厂的常规处理技术根本无法应付。因此，我们要警惕洗衣粉的危害。市面上众多品牌的洗衣粉品牌可分为 2 类：含磷产品及无磷产品。含磷的洗衣粉危害环境。相比之下，无磷洗衣粉对环境的危害要小得多。

为减少含磷水污染，社会应加强宣传有磷洗衣粉的危害，建议大众使用环保型洗衣粉；政府部门应该颁布禁止有磷洗衣粉生产、上市的法律法规；各洗衣粉生产厂家应大力开展高效、环保型洗衣粉研制开发。这样，全社会都积极参与到这项利国利民的活动中来。

知识点

### 树 脂

树脂有天然树脂和合成树脂之分。天然树脂是指由自然界中动植物分泌物所得的无定形有机物质，如松香、琥珀、虫胶等。合成树脂是指由简单有机物经化学合成或某些天然产物经化学反应而得到的树脂产物。树脂是制造塑料的主要原料，也用来制造涂料、黏合剂、绝缘材料等。

## 延伸阅读

### 洗衣粉的分类

洗衣粉是合成洗涤剂的一种。市场上的洗衣粉主要有以下三种：

（1）普通洗衣粉和浓缩洗衣粉。普通洗衣粉颗粒大而疏松，溶解快，泡沫较为丰富，但去污力相对较弱，不易漂洗，一般适合于手洗；浓缩洗衣粉颗粒小，密度大，泡沫较少，但去污力强，易于清洗，节水，一般适宜于机洗。

（2）含磷洗衣粉和无磷洗衣粉。含磷洗衣粉以磷酸盐为主要助剂，而磷元素易造成环境水体富营养化，从而破坏水质，污染环境。无磷洗衣粉则有利于水体环境保护。

（3）加酶洗衣粉和加香洗衣粉。加酶洗衣粉就是洗衣粉中加有酶，加香洗衣粉就是洗衣粉中加有香精。加酶洗衣粉对特定污垢，如果汁、墨水、血渍、奶渍、肉汁、牛乳、酱油渍等的祛除具有特殊功能，同时其中的一些特定酶还能起到杀菌、增白、护色增艳等作用。加香洗衣粉在满足洗涤效果的同时让衣物散发芳香，使人感到更舒适。

## 汽车行业与环保

进入21世纪，随着汽车的数量越来越多、使用范围越来越广，汽车尾气对环境的破坏作用也越来越大。有科学分析表明，汽车尾气中含有上百种不同的化合物，其中的污染物有固体悬浮微粒、一氧化碳、二氧化碳、碳氢化合物、氮氧化合物、铅及硫氧化合物等。一辆轿车一年排出的有害废气比自身重量大3倍。英国空气洁净和环境保护协会曾发表研究报告称，与交通事故遇难者相比，英国每年死于空气污染的人要多出10倍。

在车辆不多的情况下，大气的自净能力尚能化解汽车排出的毒素。但随着汽车数量的急剧增加，交通拥堵成了家常便饭，汽车本应具备的便捷、舒适、高效的优势逐渐被过多的车辆所抵消。“汽车灾难”已经形成，由此带来的汽车尾气更是害人不浅。

汽车尾气令人头昏、恶心，能够引发呼吸系统疾病，影响人的身体健康。而且能够加重城市热岛效应，使城市环境转向恶化。有关专家统计，21世纪初，汽车排放的尾气占了大气污染的30%～60%。随着机动车的增加，尾气污染有愈演愈烈之势，由局部性转变成连续性和累积性，而各国城市市民则成为汽车尾气污染的直接受害者。

研究表明，1.4升气缸的汽车，每行驶1千米，就要排出80～100克一氧化碳、10～20克氮氧化合物。粗略估计，全球5亿多辆汽车每年要排放约5亿吨二氧化碳、1亿吨碳氢化合物和0.5亿吨氮氧化物，占大气污染物总量的60%以上，是公认的大气“头号杀手”。

环境问题制约着汽车工业的发展，如果汽车工业不能解决环保问题，在

城市上空笼罩着大量的热流

当今环保意识已经深入人心的社会，只怕寸步难行。只有面对现实，努力发展符合环保要求的汽车工业，才能走得更远。

汽车尾气是大气污染的罪魁祸首之一

美国人曾经很喜欢宽大、舒适的轿车，但是这些车耗油量大，对环境的污染也比较重。为了节约能源，减轻对环境的压力，美国政府决定资助开发出油耗低、环保的节能车。这种车若研制成功，必将有助于解决能源危机和环境污染。

后来，美国加强了对汽车污染的控制和管理，所以环境状况有了很大的改观。加利福尼亚州的洛杉矶市曾是美国大气污染最严重的地方，如今那里汽车没有减少，但空气变得清新，天空一片蔚蓝。

法国巴黎在控制汽车污染上可以说是出奇制胜。那里的人都喜欢乘坐由电力牵引的公交车（主要是地铁和区域快车）。这种车是巴黎最普遍的公共交通方式。巴黎普通的公共汽车二氧化碳（$CO_2$）排放量是小汽车的1/3，电力牵引公交车二氧化碳（$CO_2$）排放量接近小汽车的1/20。那么，平均一辆小汽车每乘客千米产生的温室效应是公交车的多少倍呢？我们需要计算一下。平均一辆公交车由0.87辆电力汽车和0.13辆普通公交车组成，所以一辆公交车排放的二氧化碳是$0.87\times(1/20)+0.13\times(1/3)=0.08683$，取倒数后得到12，所以小汽车交通的每乘客千米产生的温室效应是公共交通的12倍。看来法国的公共交通的确为其环境的改善做出了很大的贡献。

除了二氧化碳排放上减少了很多，法国公交车在其他方面也比小轿车有优势。公共汽车每乘客千米的一氧化碳排放量仅占汽油小汽车的1/25，每乘客千米的微粒排放量仅占汽油小汽车的1/4。

随着汽车技术的不断发展，汽车除了向舒适、方便、快捷的方向发展，也越来越注重于环保问题。环保汽车将成为21世纪汽车发展的主流，所以必须高度重视推动汽车环保技术，开发出环保型汽车，降低汽车废气排放，减少燃料的消耗。

主要战略措施有3条：①推广混合动力系统，即采用燃油发动机和电气动力组合驱动方式，开发“准绿色发动机；②研制车用电池供电系统，包括燃料电池和蓄电池，开发出无废气排放的“绿色”发动机，其中以氢为燃料的电池已取得突破性进展；③使用替代燃料，如天然气、酒精、甲醇和氢气等，以达到“准绿色”环保汽车标准。

为此，北美、欧洲和日本的汽车业在汽车环保技术上的投资已从20世纪80年代的年均增长率5.5%上升到90年代前5年年均增长率8.5%，而1996年以后年均增长率达12%以上。韩国、巴西和墨西哥等国汽车业更是加大了环保科技投资，这3个国家都已开发成功环保型汽车。

除了大力开发“准绿色”和“绿色”发动机外，世界汽车制造商为了加快发展环保型汽车的步伐，正在扩大与电子业的合作，希望通过普及电脑使汽车发动机的“绿色效应”达到理想水平。1998年9月，世界五大汽车制造公司，即日本丰田汽车公司、美国通用汽车公司、美国福特汽车公司、戴姆勒—克莱斯勒汽车公司及法国雷诺汽车公司作出决定，联手实现车用电脑标准化，旨在使电脑在开发环保型汽车中发挥更大的作用。

“绿色环保汽车”有3个突出的特点：

(1) 可回收利用

在环保方面走在世界前列的德国规定汽车厂商必须建立废旧汽车回收中心，德国宝马公司生产的汽车可回收零件的质量占总质量的80%，而他们的目标是95%。这也意味着几乎整辆车都可以重新利用了。

(2) 低污染

汽车造成的大气污染，主要是汽车废气造成的污染。因此，需要努力减少汽车尾气的污染。美国壳牌石油公司开发出一种新型汽油。这种汽油含有一种称为含氧剂的化学物质，使汽油能够充分燃烧，大大减少了有害气体的排放。法国的罗纳—普朗克公司发明了一种具有“显著催化性能”的添加剂。这种添加剂能够消除汽车发动机上散发出的90%的粒子和可见的烟。

(3) 低能耗

降低能耗就意味着要提高燃料的利用效率，减少排放的废气中的有害物质，从而减轻污染。从这个角度讲，低能耗和低污染是可以并存的。1999 年日本推出一种汽车节能装置，可以节省 25% 的燃油，同时排出废气量可减少 80%。此外，这种“绿色汽车”还有降低噪音的功能。

汽车的发明至今不过一百多年，然而汽车就像一支支贪得无厌的吸嘴，会把地球上蕴藏的石油吸吮而尽。世界每天消耗 7000 万吨石油，驱动超过 6 亿辆汽车。节约能源、保护环境已成为人们关注的全球性的热门话题。汽车采用替代燃料不仅是因为要解决环境污染问题，而且是因为要解决石油资源日益贫乏的问题。

发展绿色环保车已成为各国科学家一项重大的研究课题。1873 年，英国制成了世界上第一辆电动汽车。1892 年，美国在芝加哥展出了他们研制的电动汽车。日本也不甘落后，近年来日本在其汽车制造业的经营策略调整中，有意减缓了新产品的开发速度。他们精简产品种类、拉长产品周期，用节省下来的资金研制绿色汽车，也取得了很多成果。

科学家还设想出下列“绿色”汽车，其中一些“绿色”汽车已具有实用价值。

（1）太阳能汽车

太阳能是真正洁净的能源，而且还具有取之不尽、用之不竭的特点。太阳能汽车是一种靠太阳能来驱动的汽车。相比传统热机驱动的汽车，太阳能汽车是真正的零排放。正因为其环保的特点，太阳能汽车被诸多国家所提倡，太阳能汽车产业的发展也日益蓬勃。

1982 年，澳大利亚人汉斯和帕金用玻璃纤维和铝制成了一部“静静的完成者”太阳能汽车。车顶部装有能吸收太阳能的装置，给两个电池充电，电池再给发动机提供电力。12 月 19 日，两人驾驶着这辆车，从澳大利亚西海岸的珀思出发，横穿澳大利亚大陆，于 1983 年 1 月 7 日到达东海岸的悉尼，实现了一次伟大的创举。这种太阳能汽车与传统的汽车不论在外观还是运行原理上都有很大的不同，太阳能汽车已经没有发动机、底盘、驱动、变速箱等构件，而是由电池板、储电器和电机组成。利用贴在车体外表的太阳电池板，将太阳能直接转换成电能，再通过电能的消耗，驱动车辆行驶，车的行驶快慢只要控制输入电机的电流就可以解决。目前此类太阳车的车速最高能达到 100km/h 以上，而无太阳光最大续行能力也在 100km 左右。

我国的太阳能汽车在 1984 年研制成功，命名为“太阳号”。1996 年 11 月，由江苏连云港太阳能研究所研制成功的 BS96352 太阳能电动轿车在南京通过了鉴定，被命名为“中国一号”。该车一次充电可行驶 150～220 千米，最高时速为 80～88 千米，填补了“采用太阳能作为电动中级轿车辅助电源”先进技术的国内空白。

目前太阳能电动汽车连续行驶里程在 200 千米左右，已能满足日常生活中人们对汽车交通的要求。这是彻底意义上的绿色环保车。但太阳能汽车要真正替代内燃机车，还有很长的路要走。

（2）氢气汽车

氢气概念车

氢气作为动力燃料，已广泛用于各种空间飞行器。由于氢气中不含碳元素，因此燃烧时不产生二氧化碳，比甲烷（$CH_4$，天然气的主要成分）更洁净。此外，氢气是资源最丰富的化学元素之一，取之不尽用之不竭。氢燃料电池很有可能成为汽车最佳动力源之一。

目前在氢气汽车的开发上已经积累了一些成功的经验。目前已经有企业研制成功无污染的绿色汽车。这种汽车上装有氢气燃料箱，氢气燃烧后将化学能转换成电能，以此作为汽车动力。由于这种汽车噪声小，不排放有害尾气，因此是一种环保型汽车。早在 20 世纪 80 年代初，德国奔驰公司就研制了 10 辆氢气汽车。日本也制造了以液氢为燃料的轿车。该车利用计算机控制泵和阀门，使液氢的温度在发动机点火之前始终保持 -253℃（在这个温度下，氢可保持液态），时速可达 125 千米。

虽然各国在研制氢气汽车方面都有了一些进展，但要使之真正商品化还需几十年，或者更长的时间。

（3）天然气汽车

同传统的汽油汽车相比，液化石油气汽车运行成本只有汽油车的65%。天然气价格比汽油低1/3，故天然气汽车可以节约20%的费用。更为重要的是天然气汽车可以大大减少二氧化碳的排放量，减少有害气体对环境的污染，与汽油车相比，在排放的污染物中，一氧化碳减少了90%，碳氢化合物减少了80%，氮氧化物减少了87%。

天然气概念车

如今，天然气汽车已经在我国的某些省份替代了汽油车，而且这种替代趋势越来越大，有普及全国的势头。

（4）“饮水”汽车

人们设想用当代最高级的能源——核能作为汽车动力源。若能使用核能，将从海水中提取氘的装置与核反应堆装置配套使用，汽车就能拥有用之不竭的能源。这种汽车其实是核能汽车。

（5）“噬菌”汽车

气态氢是一种无污染、高热值的燃料。人们已经研制成功用光合作用培养细菌来生产氢气，这种汽车时速可达200千米，目前这种“噬菌”汽车的技术还未成熟，需要进一步研制。

（6）“侏儒”汽车

美国研制了燃烧效率比现有汽车高3倍的、风靡欧洲的电动“侏儒”车。该车具有速度高、环保、易操作和微型化等众多优点。目前，这种新型绿色汽车已经开始进入实用阶段。

（10）碳素纤维汽车

日本东京电力公司推出一种以碳素纤维为车身的汽车。这种汽车被专家们称为“绿色汽车的楷模”。

日本碳素纤维汽车

知识点

### 热岛效应

热岛效应是城市一种特殊气候，具体来讲是由于城市建筑群密集，柏油路和水泥路面比郊区的土壤、植被具有更大的热容量和吸热率，使得城市地区储存了较多的热量，并向四周和大气中大量辐射，使得同一时间城区气温普遍高于周围的郊区气温，高温的城区处于低温的郊区包围之中，如同汪洋大海中的岛屿。科研人员把这种现象称之为城市热岛效应。如今，城市热岛效应已经形成，城市空气污染加重，人类生存的环境被破坏，这将会导致人类发生各种疾病，严重时，甚至会导致人的死亡。

## 延伸阅读

### 我国的汽车环保标志

我国的汽车环保标志是国家发放的机动车排放标准的分级标志，有黄色和绿色两大类，其中，黄色标志只设一种。汽车环保标志的作用主要有以下几方面：

（1）是作为汽车排放达标的凭证。

（2）是作为确认汽车环保定期检验周期的依据。

（3）是在实施高排放车交通管制措施的情况下，作为车辆在限行区域通行的凭证。

（4）是作为有关部门对汽车进行环保达标管理的依据。